L'INVERSION DES PÔLES

Il n'en restera qu'un

L'INVERSION DES PÔLES

Il n'en restera qu'un

Guillaume Nail

Slalom

Slalom, un département d'Édi8
12 avenue d'Italie, 75013 Paris
www.slalom-editions.fr

Loi n° 49-956 du 16 juillet 1949 sur les publications destinées à la jeunesse, modifiée par la loi n° 2011-525 du 17 mai 2011

ISBN : 978-2-37554-194-4

Dépôt légal : mars 2019

*Merci infiniment à Nicolas Digard,
alias Fluffy, pour les intimes.*

Chapitre 1
Le bus

– Vitesse de croisière –

Le voyant vient de s'allumer, signe qu'ils entament la longue descente vers l'îlot. Tapie au fond du bus-aéronef, Selva reste impassible. Depuis le départ, sa position n'a pas varié : genoux fléchis, dos droit, la main sur sa pioche et le corps tout entier en tension.

— L'esprit d'équipe est la clé de votre succès.

C'est ce que la formatrice n'a cessé de lui répéter pendant le stage. Sauf que Selva est une solitaire. Besoin d'une bulle, d'un espace à part pour s'échapper mentalement. Inspirer. Expirer. Se concentrer sur son propre souffle pour faire abstraction de la bande-son qui résonne, oublier ce qui les attend et profiter des instants avant de plonger dans la promiscuité. L'équipe. Le collectif.

Les autres passagers ne s'y trompent pas, d'ailleurs. On les a prévenus : passé compliqué. Elle répondra présent quand il le faudra mais, surtout, ne brusquez rien. Alors depuis le décollage, ils la laissent tranquille. Le calme avant la tempête, on va dire...

Au-dessus de leur tête, une flamme d'hydrogène gonfle régulièrement d'air chaud le ballon qui les porte. Absence de soubresauts, souplesse des changements de direction : le fuselage du bus se combine parfaitement à la forme de la montgolfière et fend les airs de manière étonnamment fluide. Tandis que l'immensité bleu sombre défile par l'ovale vitré percé sous la carlingue, Perkins vérifie cent fois que sa combinaison est ajustée. Tout en muscles, le jeune homme a l'impression d'avoir pris du poids depuis les premiers essayages. Trois semaines déjà que les tenues leur ont été attribuées. Des tailleurs expérimentés ont pris leurs mesures au millimètre près. Mais la cantine était bonne, Perkins n'a pas lésiné sur les frites et autres desserts... Résultat : la taille est serrée et ça colle aux cuisses.

— Il est vraiment cool, ton costume. Moulax, Max.

Yuan le regarde, l'œil qui pétille. À croire qu'elle lit dans ses pensées... Son propre body est tout aussi près du corps. Sorte de mix entre samouraï *new age* et guerrière tout droit sortie du Moyen-Âge. La créativité des habilleurs de « C. » n'a pas de limite.

— Ça te gêne pas, ton truc, là ? lui demande Perkins en désignant la lourde étoffe qui enveloppe le visage de sa coéquipière.

En guise de réponse, Yuan agrippe des deux mains la capuche *oversize* qui lui dessine une ombre sur le front. Et s'amuse à mimer un rideau qui se ferme sur une tringle mal huilée – bruitages à l'appui. Elle le rouvre soudain en criant d'une voix stridente de gamine :

— Coucou !

Même Mickey, qui les observe depuis la banquette avant, ne peut s'empêcher de pouffer. Faut dire, cette Yuan est un sacré numéro. Depuis le départ, elle passe son temps à se trémousser au son de la musique ou à mimer un karaoké. « En réalité, c'est l'ensemble du *squad*, qui constitue un drôle d'assemblage », se dit-il.

Une sauvageonne toujours sur ses gardes.

Un gaillard aux neurones qui carburent à cent à l'heure.

Une bouffonne pêchue jamais avare de blagues potaches.

Et lui, Mickey. Fade. Neutre. Mais efficace et obéissant.

Quatre personnalités singulières, disparates et en principe mal assorties qui composent la « Ligue des Gentils de l'univers », surnom gentiment moqueur que Yuan a choisi de leur donner. En réalité, ils forment un *squad* d'élite, réuni par de puissants algorithmes pour sortir vainqueurs de l'« Îlot ».

Tandis que Yuan s'emballe autour d'une blague à rallonge mettant en scène deux œufs dans une poêle – Perkins est fasciné qu'on puisse étirer si longtemps une plaisanterie aussi moisie –, Mickey vérifie ses munitions, son sac et sa pioche. Par le hublot, les nuages s'écartent soudain, les contours d'un rivage apparaissent... L'îlot ! Saisi par un mélange de stress et d'excitation, Mickey se remémore la première fois qu'il a eu vent de ce territoire pas comme les autres, objet de tous les fantasmes.

C'était il y a deux ans, alors qu'il venait d'être diplômé « Contrôleur F. ». Tout juste créé, le poste était destiné à des profils comme le sien, couteaux suisses multitâches, formés à répondre à n'importe quelle mission. Pour sortir major de promo, Mickey avait bûché comme un dingue. Il avait négocié des ateliers individuels avec ses professeurs, accepté sans ciller chaque ordre qu'on lui donnait et avait même su jouer des coudes pour accéder à certains modules optionnels et ainsi grappiller les derniers points décisifs. Trois ans de travail acharné, d'absence totale de vie sociale et privée, mais le jeu en valait la chandelle. Partout où il postulerait, il était sûr d'être embauché, à un salaire plus que décent. Son seul regret ? Sa mère n'avait pas vécu assez longtemps pour voir son fils unique recevoir de la doyenne de l'école l'écharpe dorée qui allait le suivre tout au long de sa carrière.

En sortant de la remise de diplôme, néanmoins – sorte d'interminable cérémonie sans âme dans une salle grise et froide, aux murs de béton parés de guirlandes en papier pour faire joyeux –, Mickey s'était retrouvé seul, son écharpe autour du torse, tandis que ses « camarades » partaient fêter leur nouvelle vie dans un restaurant chic. Le ciel était lourd, les rues ternes et son humeur morose. C'est là qu'un homme l'avait approché. Imper beigeasse, chapeau feutre, tête de souris. Une caricature d'agent secret, entre Inspecteur Gadget et Colombo. Il avait d'abord félicité Mickey pour son discours :

— J'étais au fond, derrière un pilier. J'ai bien aimé tout le passage sur le sens du devoir et la dimension sacrificielle du Contrôle.

Puis il lui avait tendu sa carte de visite – deux initiales soulignées, et un intitulé énigmatique : « Enrôleur

1er rang ». Avant de l'accompagner dans un PMU désert. C'est devant une coupelle de cacahuètes à la fraîcheur douteuse que l'« Enrôleur » lui avait expliqué dans le détail qu'il était mandaté par un consortium ultra secret. Rassemblement de pays riches et de plusieurs conglomérats industriels et numériques. Bref, le club d'élite des puissants de la planète.

« C. », ça s'appelait.

Pendant trois heures, peut-être quatre, il lui avait parlé d'inversion des pôles magnétiques, d'éruptions solaires toujours plus fréquentes. Mickey en avait entendu parler, un séminaire avait été consacré à la question dans le courant de la dernière année. Le Gulf Stream faisait des siennes, il fallait se préparer au pire. Et dans le pire des scénarios, le changement climatique n'était même plus l'urgence : le dérèglement magnétique lui grillait la priorité et bouleversait toutes les prévisions. Quand enfin l'homme avait fini de dérouler tout ce qu'il avait à lui dire, il avait fait signe au serveur de remettre une tournée. Et Mickey lui avait demandé, sans sourire et d'une voix volontairement un ton en-dessous de son timbre naturel :

— Et en quoi puis-je vous être utile ?

Serviable, disponible, volontaire. Les trois qualités du Contrôleur F. Le type avait souri d'un air entendu, puis avait enchaîné : les simulations virtuelles avaient beau gagner en performance, rien ne valait l'analyse en situation réelle. « C. » avait donc créé l'« Îlot ». Sorte de terrain de jeu grandeur nature – biotope à échelle réduite de ce que serait la Terre dans deux, cinq, dix ans. Un décor de cinéma génial et ultra performant, conçu pour servir de poste d'observation. Objectif : prévoir comment l'espèce humaine se débrouillerait en cas d'inversion effective des pôles magnétiques.

— La seule différence, c'est que la membrane protectrice requiert une atmosphère allégée de 12 % en particules. Pour fluidifier la circulation de la matière et favoriser la volatilité des ions magnétiques.

— Parce que ce truc existe déjà ? s'était étonné Mickey.

Jamais entendu parler. Avant de lui répondre, l'homme lui avait fait signer une clause de confidentialité, soixante-seize pages que Mickey avait scannées rapidement. Et depuis, le Contrôleur F. qu'il était s'était préparé. Avidement. Jamais il n'avait vu l'Îlot – rien que des plans, des simulations 3D régulièrement mises à jour au gré des changements de décors opérés. Et aucune autre information que celles que ses supérieurs voulaient bien lui donner. Dès les débuts de son engagement, Mickey avait compris que le rôle de chaque salarié du consortium était compartimenté à l'extrême. Chacun à sa tâche et chaque chose à sa place. Un ordonnancement qui lui convenait parfaitement. Mais quand sa cheffe, il y a trois semaines, l'avait prévenu que l'algorithme l'avait désigné pour participer au nouveau stage de préparation, Mickey avait compris au ton de sa voix que cette session d'observation aurait quelque chose d'exceptionnel.

Un *bip* strident le sort de sa rêverie.

– *Target* : 10 mn –

Au milieu du bus, Perkins a la banane et Yuan paraît trop contente de sa dernière blague. Seule Selva reste prostrée. Mickey sait que les atouts respectifs des membres du *squad* constituent une recette savamment dosée pour survivre en milieu hostile. Mais difficile d'y croire en les voyant. Heureusement, l'algorithme ne se trompe jamais. Mickey vérifie le plan de descente, c'est l'heure d'enfiler les planeurs.

— Selva ?

La jeune fille sursaute, comme si elle avait oublié où elle se trouvait. Ses traits sont tirés, son visage alourdi par les cernes que le voyage lui a creusés. Mickey se demande comment cette recrue venue d'un autre monde va bien pouvoir leur venir en aide.

— Ton delta. Il faut que tu le mettes.

Elle hausse les épaules sans rien dire. Et enfile prestement son barda empaqueté – planeur pliable, kit minimum de survie et pioche sommaire. Perkins et Yuan ont eux aussi saisi leur sac à dos – licorne pour Perkins, pingouin bizarre pour Yuan – et tous les quatre se toisent maintenant, l'air grave.

– *Target* : 7 mn –

Sans prévenir, le bus-aéronef fait une embardée, projetant violemment Yuan contre la carlingue. Au contact du métal, sa tête produit un *clang* douloureux. Et Perkins bondit déjà vers l'avant pour ouvrir le sas qui les sépare du pilote automatique. Savoir ce qui se passe, vite. À peine le temps de réfléchir qu'un souffle le couche à terre. Par réflexe, Perkins se couvre la tête de ses mains. Une seconde s'écoule, deux peut-être, et quand il se retourne, un vent glacé lui saisit la nuque : un trou béant laisse voir le ciel au fond du bus. Selva est plaquée contre la paroi, sidérée par l'explosion qui vient de pulvériser l'arrière.

— C'est quoi ce bordel ? hurle Mickey.

Perkins scanne à 360 degrés, son regard s'arrête sur Yuan. La jeune fille aux yeux rieurs est défigurée par un masque de douleur. Sa jambe est coincée sous un lourd panneau de métal. Et l'épais filet de sang qui s'en écoule confirme que ce qu'il y a là-dessous ne doit pas être beau à voir. Par l'ovale sous leurs pieds, Perkins voit la terre se rapprocher, des maisons et des routes se dessiner. Il croit même distinguer deux mouettes. À l'avant, Mickey tambourine comme un dératé contre la porte du cockpit.

— C'est bloqué ! crie-t-il.

« Peine perdue », songe Perkins.

Les débris soufflés par l'explosion ont déchiqueté les boîtiers électriques, des fils pendouillent dangereusement et leurs pioches ne suffiront pas à enfoncer la porte. Surtout, ils n'ont plus le temps. Perkins fait le calcul : l'appel d'air déséquilibre le bus vers l'avant. L'inclinaison de la cabine étire les câbles accrochés au ballon d'air chaud. Les chances sont minces, voire inexistantes, que ceux-ci aient été conçus pour résister à une telle pression. Suffit qu'un câble lâche, un seul, pour que l'impact avec le sol – ou la mer – se fasse sous un délai de quarante secondes maximum.

— Faut qu'on s'arrache ! parvient à articuler Mickey.

Déjà, il s'approche de Yuan pour la dégager, et fait signe à Perkins et Selva de l'aider.

— Allez, à nous trois on peut y arriver.

Selva les toise. Avec ce regard impénétrable dont on ne sait s'il cache de la bêtise ou de la défiance. Perkins lui tend la main :

— Tu viens nous aider, s'il te plaît.

Mickey en rajoute une couche.

— Allez !

— Faut sauter, se contente-t-elle de répondre.

— Tu rigoles ? blêmît Mickey.

— On est une *team*, s'efforce de la convaincre Perkins. Toi, moi, ensemble.

Yuan serre les dents à s'en briser les mâchoires. Des larmes jaillissent de ses yeux sombres.

— Une *team*, c'est vivant ou c'est rien, décrète Selva.

Mickey veut répliquer mais Perkins s'interpose. Vraiment pas le moment de se disputer. Il rassure Selva du regard.

— Bon, tente-t-il de les calmer. Je peux essayer de poser le bus.

Selva jette un œil vers la porte avant. Deux lourds verrous, huit barres de fer. Impossible d'accéder au cockpit. Et cette fichue musique qui continue de tambouriner, stupidement...

— Tu vas pas te jeter là, au beau milieu de l'océan ! s'emporte Mickey. Tu sais nager, au moins ?

Selva fait oui de la tête – comme un *tilt*. Même pas le temps de comprendre ce qui se passe, Yuan crie :

— Selva !

Et déjà la jeune fille a disparu – aspirée par le vide. A-t-elle glissé ? Peu importe, Mickey fait le point, en une fraction de seconde. La paroi est trop lourde, Selva a raison. Vouloir sauver Yuan, c'est les condamner eux. Il attrape Perkins par le bras, l'éloigne d'un pas et lui chuchote à l'oreille.

— Elle a raison, faut foutre le camp.

Perkins dégage son bras. Hors de question. Les chances de sauver Yuan sont minces – de l'ordre de 8 % environ – mais elles existent. Il dégaine sa pioche et entreprend de déloger sa jambe en faisant levier. Yuan porte son planeur sur les épaules, il suffira de se jeter avec elle. Dans sa tête, Mickey fait défiler sa mission. Pour la mener à bien, il doit sauver sa peau. Il tente une dernière fois de convaincre Perkins qui s'échine :

— C'est trop lourd, lâche l'affaire.

Mais Perkins ne lui jette même pas un regard, tout son corps s'acharne à faire basculer la paroi de métal.

À son tour, Mickey se précipite vers l'arrière et s'élance en criant :

— On se retrouve en bas !

Au même moment, Perkins est projeté au sol. Un câble vient de lâcher avec un bruit cinglant, le bus bascule sur le côté. Un deuxième câble lâche à son tour. Au-dessus de lui, comme un bruit très sourd. Les flammes ont dû toucher l'enveloppe du ballon, la toile est en train de s'enflammer. Déjà la chaleur se diffuse par le métal.

30 secondes.

Dans un effort désespéré, Perkins défait sa ceinture, l'enroule autour d'une barre au plafond, l'attrape des deux mains et saute à pieds joints sur sa pioche pour imprimer un mouvement de balancier.

— Aide-moi, demande-t-il à Yuan.

15 secondes.

Le panneau vacille. Concentré à l'extrême, Perkins recommence – ceinture, plafond, pieds joints – et réussit cette fois à le basculer. Il attrape Yuan sous les aisselles et la tire comme il peut pour sortir son pied. En charpie. Le sol se rapproche. Ils sont trop bas pour déclencher les planeurs. Perkins s'allonge de tout son long sur Yuan. Sa peau est chaude, elle serre son bras.

Perkins ferme les yeux et compte les secondes avant le choc.

Trois. Deux. Un.

Impact.

Chapitre 2
Selva

Descendant sur l'horizon, le soleil enveloppe la crique d'une atmosphère étrange. D'un gris bleuté surréel, la lumière plane entre les flots et le ciel, tandis que l'ombre qui grignote les rochers semble vouloir engloutir le paysage tout entier. Seul le ressac régulier des vagues marque l'égrènement des minutes et trouble à peine l'apparente quiétude de cette image de carte postale.

Léché par les vagues, un corps est étendu sur la grève. Inerte. Ses cheveux noirs sont malmenés par la marée montante, de même que ses bras blancs et fins, constellés d'un sable argent, comme pailleté. Un peu au-dessus du coude, là où le biceps se dévoile, un bracelet de cuir épais, surmonté d'un fin carré d'or aux motifs étranges, jure avec la tenue de combattante – un treillis à motifs camouflage qu'accompagne un débardeur kaki. Pas d'arme, ni bagage. Rien que la jeune fille et le crépuscule.

Inexorablement, les vagues gagnent du terrain. Dans quelques minutes, le corps tout entier sera recouvert par l'obscurité des flots. Mais soudain, elle s'agite. Sursaut ultime, l'eau qui pénétrait les narines, inondait les poumons et bloquait les fonctions vitales, a alerté son cerveau. Elle recrache une bave vaseuse et s'arc-boute, prête à défier la menace.

C'est Selva.

En un éclair, elle reconnecte ses neurones et se branche en mode survie. Rapide regard circulaire, elle est seule, et ne peut rien contre l'océan qui l'assaille. Prestement, elle se remet debout et recrache encore un peu d'eau mêlée de sable. Les sens en éveil, elle étire ses bras, fait craquer ses articulations et rassemble ses cheveux à l'aide d'une lanière de cuir. La nuit lui murmure « Abrite-toi » mais Selva se livre à un manège étrange. Elle se baisse à ras du sable, à quatre pattes et les paumes bien à plat. Régulièrement, elle renifle sa main. Comme guidée, Selva s'avance le long d'une ligne imaginaire avant de s'arrêter près d'une anfractuosité creusée à même la roche. L'eau progresse et Selva sonde la ligne d'écume et les algues posées sur le sable, qui lui confirment où les flots s'arrêteront.

Elle se hisse à mains nues, se recroqueville dans cette grotte de fortune et là, seulement, elle penche la tête en arrière et s'autorise à fermer les yeux.

Ça fera l'affaire. Dans cette crique, hors de portée de la marée haute, Selva sera tranquille, du moins pour l'heure. Alors que le crépuscule achève de tomber, la jeune fille distingue que le territoire qui l'entoure est désolé. On lui avait promis un terrain de jeu garni d'immeubles, de magasins, mais là, rien. De l'herbe, quelques palmiers, la grève et le ciel, qui oscille entre noir et violet. Personne. Selva en est sûre, elle sentirait les odeurs, sinon. Est-elle seulement sur le bon îlot ? Aucune idée. Elle se souvient du bus, du saut, de la chute et puis plus rien... Sensation de dérive, de flottement, jusqu'à ce réveil glacé au bord des eaux sombres.

Selva fouille alentour et réussit à dégoter un peu de végétation. Des branches, quelques lianes, de la mousse... qu'elle amasse en tas pour se constituer un bivouac. Une fois son butin constitué, Selva se déshabille, prestement. Elle a faim. L'océan qui la nargue renferme forcément du poisson. Selva se met donc en chasse. Ou plutôt en pêche. En culotte et à mains nues, elle goûte au plaisir de l'eau qui glisse entre ses cuisses. Quelque part, dans sa mémoire, elle se souvient avoir connu ça, étrangement. L'eau qui vous coule dessus. Le poisson qui s'échappe, frétille. Et cette jouissance de serrer fort pour tuer, avant de déguster le soir le fruit de la pêche. Le meilleur plat du monde est celui qu'on s'est soi-même procuré. Mais là, rien. Pas le moindre petit goujon, pas même une crevette égarée ou un oursin crevé. « Qu'est-ce que c'est que cette mer ? » pense-t-elle. Énervée, Selva remonte vers la grève et fouille ses poches à la recherche de quelque chose, n'importe quoi. Celles-ci sont vides mais, dans le talon d'une de ses bottes, Selva croit sentir comme un renflement. Vite, elle cherche un silex, une pierre, qui lui permette d'attaquer le caoutchouc. En entaillant la semelle, elle réussit à mettre au jour une sorte de double fond. Qui cache une minuscule fiole de liquide blanchâtre. Selva décapsule, renifle – odeur neutre. Elle a trop faim, trop soif, elle tente le coup.

Le goût est douceâtre, à la limite du désagréable – sensation d'ingurgiter de la laitance de poisson. Mais une chaleur l'envahit. Son ventre s'apaise, arrête de gargouiller. Selva est rassasiée. Son corps le lui fait savoir, d'ailleurs. Elle rote. Ça la fait rire, comme une gamine. Sensation de toucher du doigt le bonheur. Se dégourdir, manger, rire. Que demander d'autre ? Selva détaille la fiole, le fond est doté d'un clips. Elle appuie, la bouteille devient glaciale puis se brise dans un éclair lumineux, avant de retomber en fine poussière sur le sable. Selva regarde sa main, sidérée.

Un *crac* résonne. Elle se fige.

Le vent ? Par-delà l'horizon, un orage électrique zèbre le ciel. Impression curieuse d'une tempête de lumière qui n'émettrait aucun son. Selva capte cette fois un flash venu de derrière, comme un reflet à la surface de l'eau. Du vert, un peu d'orange. Selva inspire. Une odeur âcre, nouvelle, lui chatouille les narines. Inspiration à nouveau : c'est de la sueur. Ok. Elle n'est plus seule. D'autres sont là. Ce reflet, ces odeurs n'ont rien de naturel. Vite, Selva rampe jusqu'à la grotte pour observer. Du haut de la roche, elle domine le bivouac sans qu'on la voie. Quand un premier rôdeur s'approche, Selva comprend l'odeur de transpiration qui précède. Le gars est déguisé en grenouille géante de latex, sa tête flasque – énorme – s'agite à chaque pas, il doit mourir de chaud. Il est talonné par une fille nerveuse en brassière orange – son reflet dans l'eau l'a trahie. Selva n'entend que des bribes de ce qu'ils disent.

— Bon, de toute façon. Y a personne, là, explique la grenouille d'une voix inquiète.

— Je t'ai dit que je sens une présence.

Même si elle ne distingue pas ses yeux, Selva sent que la fille se méfie. Elle se replie dans l'ombre de la roche. Le duo analyse le campement, lui furète dans les lianes, elle pousse du pied la mousse posée au sol.

— Bon, on ne va peut-être pas coucher là, gémit-il.

La fille s'accroupit subitement. Égrène le sable puis tâte d'une main son sac à dos. La grenouille continue de déblatérer, intarissable :

— N'empêche, tu me crois pas, mais j'ai vu un bus en détresse. Je veux dire, y a pas que le nôtre qui a subi une avarie, c'est quand même étrange, non ?

La fille scrute les grains de sable de plus près et fait signe à son acolyte de se taire. Mais son débit se fait de plus en plus rapide, signe de stress.

— Et puis merde, t'as vu le ciel, là-bas. Je veux dire, pour une fin du monde c'est quand même drôlement bien imité, je veux dire, c'est bizarre de former des gens à survivre mais de pas leur laisser le temps de poser le pied avant de commencer que déjà c'est la panique et puis regarde comment je suis sapé, c'est comme si y avait écrit en énorme « Butez-moi » sur mon front.

La fille détaille la roche, indifférente à ce que l'autre raconte. Selva sent une crampe monter dans son mollet droit, ses muscles la lancent, elle retient un gémissement au fond de sa gorge. Sans un bruit, elle contracte le gros orteil et fige chacun de ses nerfs. Surtout ne pas bouger. La fille s'empare doucement de son fusil, puis met en joue :

— Sors de là, hurle-t-elle soudain.

La grenouille sursaute :

— Eh mais quoi, c'est quoi ton délire ? Y a que nous, hein !

La fille fait signe à la grenouille de la couvrir. D'une main tremblante, celui-ci dégaine sa mitraillette tandis qu'elle s'avance vers la grotte. Selva sait que, sous un certain angle, la lumière va se refléter dans sa pupille, l'autre va la voir. La crampe revient. Sortir ? Leur expliquer ? Le crapaud semble tellement en stress qu'il pourrait tirer sans même réfléchir à ce qu'il fait. Selva déroule délicatement sa main et l'emplit du sable que le vent a soufflé à ses pieds. La fille est sous la paroi, maintenant, hors de vue mais Selva la sent qui s'approche à pas comptés. Quand celle-ci est à portée, Selva profite d'un éclair plus fort que les autres – le coup de tonnerre surprend la fille – pour surgir et lui balancer le sable pile dans les yeux. L'autre lâche son arme et déjà Selva lui attrape le bras et la fait rouler à terre. Mêler leurs corps est le seul moyen de s'en sortir. L'autre gugusse ne peut plus les distinguer l'une de l'autre, il ne prendra pas le risque de tirer et de blesser sa copine.

— Stop, je te dis ! il bredouille.

Sa voix part dans les aigus, Selva se concentre sur la fille – elle est musclée et son corps en tension siphonne patiemment l'énergie de Selva. Une solution : mordre. Goût de sang dans la bouche, Selva attaque le bras. L'autre hurle et cherche à se dégager. Vite, Selva décroche un coup et mord cette fois à l'aveugle. Sensation effroyable de croquer dans un os. Un cri rauque résonne, étouffé par l'air qui s'infiltre par la gorge de la fille. À peine le temps de comprendre ce qui vient de se passer que la combattante est emportée dans un halo bleu.

Selva et le crapaud se regardent. Alors c'est ça, l'élimination. Au stage, on les a prévenus que ça ferait bizarre, la première fois. Mais Super-Crapaud en est tout retourné :

— Tu l'as tuée, putain, tu l'as tuée !

La fureur prend possession de son corps, il se rue sur Selva et lui tire les cheveux, la plaque à terre pour lui faire bouffer du sable à son tour. Selva est écrasée sous son corps lourd, la masse de son costume, elle hurle :

— Attends !

Parlementer, vite :

— Je peux être ta copine, ment-elle.

Il hésite une seconde, relâche la pression. Selva veut en profiter pour s'emparer de sa pioche mais il se ressaisit, pare le coup et l'attrape par la nuque pour la plaquer contre la roche. D'une prise habile, elle réussit à se dégager puis lui tord le bras. La grenouille crie, mais Selva appuie, encore. Jusqu'à entendre le *crac* caractéristique, la clavicule qui se déboîte, provoquant une incapacité à ordonner le moindre mouvement, et une douleur indicible. C'est de sa faute, aussi, Selva avait dit « Attends ». De bonne foi. Le bras de la grenouille pend mollement, il la regarde, sidéré.

— Faudrait qu'on parle, essaie encore Selva. Moi, je suis seule, et puis toi aussi en fait...

Pas le temps de terminer sa phrase qu'il dégaine du bras gauche une sorte de sabre laser. Elle sent une décharge électrique la frôler à l'épaule. Ok, plus le choix. Elle attrape ce qu'il lui reste de bras pour l'assommer de douleur. Elle tire sur le poignet en esquivant les coups de sabre. La grenouille s'effondre et, quand Selva lui écrase le coude du pied, il lâche son arme, comme évanoui de souffrance. La gorge serrée, Selva traîne ce pantin désarticulé jusqu'à la plage, là où l'eau remonte. Il hurle, sa voix monte dans des aigus insoutenables tandis qu'il se débat maladroitement et retombe dans l'eau, fracassé par les vagues.

La marée fera son œuvre. Ou pas. Mais pour Selva, une chose est sûre. Impossible de rester ici. Elle teste les armes, le fusil de la fille est déchargé – aucune utilité. En revanche, elle réussit à maîtriser le sabre et le range dans son étui. Elle déteste la technologie mais on ne sait jamais. En cas de nouvelle rencontre, une simple poignée de sable pourrait ne pas suffire.

Grotesque, la silhouette continue de se débattre contre la mer. Selva s'enfonce vers les terres. Son objectif, désormais : retrouver Mickey, Perkins et Yuan. Où qu'ils soient.

Chapitre 3
Mickey

Journal de bord

Compte-rendu de mission

Jour 1

Vol stationnaire : sans aléas.

Itinéraire avant descente conforme aux data logicielles saisies.

Conditions d'habitacle perfectibles :

– matelassage rembourré mais skaï des sièges inadapté aux textiles d'habillement – sudation et frottement,

– musique d'ambiance agréable mais possiblement dérangeante, à la longue.

Composition du *squad* : mix détonnant, conforme aux prévisions. Humour, tension, ordre, raison.

Descente : alerte niveau 2.

(Présence d'éléments et data de mission non conformes au programme prévu.)

→ **Compte rendu détaillé :**

Atterrissage moins 9 mn : déflagration dans la carlingue arrière droite.

Hypothèse 1 : non expliquée.

Conséquence 1 : ouverture d'un trou dans la paroi du coffre.

Conséquence 2 : dépressurisation de la cabine.

Conséquence 3 : appel d'air et déséquilibre de l'appareil.

Hypothèse 2 : explosion = étincelles = départ de feu = inflammation de la toile.

Conséquence 4 : intervention d'urgence nécessaire. Délais trop courts pour demander ordres ou instructions.

Conséquence 5 : deux membres du *squad* (Selva, Mickey) éjectés. Deux membres (Perkins, Yuan) restés en cabine. Vent de dérive nord-ouest.

Atterrissage : territoire inconnu

Squad *:* séparé

Selva – éjectée à - 07'32. Coordonnées GPS manquantes. Vent de nord-ouest.

Mickey – éjecté à - 05'21. Coordonnées GPS, latitude 19.59 S ; longitude 63.83 O

Perkins – resté en cabine.

Yuan – restée en cabine.

Chances de survie en cas de non maîtrise de l'appareil et de crash : 6,5 % (analyse fonctionnelle – *Glasgow Outcome Scale* étendu (GOS).

Hypothèse 3 : tentative d'atterrissage forcé.

Connexion GPS perdue.

Next : en attente instructions.

Mickey insère la cassette dans le *ghettoblaster* qui lui sert de sac à dos, déverrouille le double système de sécurité et appuie rapidement sur l'encoche située sous le bouton rouge « REC ». L'appareil émet son sifflement caractéristique, grésillement quasi imperceptible, puis le bouton se remet en position – signe que le message a été transmis. Avant de finaliser son compte rendu, Mickey s'est posé la question de Yuan. De sa jambe, s'entend. L'absence d'éléments détaillés probants quant à l'état de la blessure l'a convaincu de ne rien dire. Un Contrôleur F. doit être capable de produire un compte rendu circonstancié du moindre événement – pas question d'être dans le flou.

Ceci dit, Mickey doute fort qu'elle s'en soit sortie – sauf à être prise en charge par « C. » et la Base. Il guette son émetteur, en attente d'une réponse.

Silence. Pour l'instant, il va falloir se débrouiller seul. Pas de problème, on l'a formé à cela. Le *skin* qu'il s'est choisi, jogging bleu turquoise vintage, baskets fluo et balayage *eighties* décoiffant lui garantit un capital sympathie. De quoi convaincre d'autres concurrents de l'aider dans sa quête : retrouver son *squad*. À aucun moment d'ailleurs, Selva, Perkins ou Yuan n'ont semblé douter qu'il était l'un des leurs. Sinon, Perkins aurait suivi son judicieux conseil : abandonner Yuan. Sauter était l'unique chose à faire.

Mickey replie son planeur et le range méticuleusement dans son sac. Il sort sa carte ultra détaillée de l'îlot – l'un de ses nombreux privilèges –, et fait le point sur sa position. Sa boussole fait des siennes et son déclencheur GPS a souffert de l'explosion, il va falloir la jouer à l'ancienne : topographie, analyse du paysage, de la végétation et position du soleil. L'aridité de la lande et la hauteur des falaises le renseignent, de même que la couleur azurée des eaux en contrebas. Le turquoise confirme la présence d'une barrière de corail, il se situe donc précisément à l'extrême ouest de la baie qui borde le sud de l'île. Selva a plongé au cœur de l'océan, avant même d'être au-dessus des terres. Les courants peuvent l'avoir fait dériver plus au nord, pas trop loin, mais elle sera plus compliquée à retrouver, sauf à fouiller tous les recoins de nature les plus reculés et isolés.

En revanche, le bus-aéronef en flammes est resté suffisamment longtemps à sa vue pour qu'il définisse un périmètre possible d'atterrissage. Vent de nord-ouest, vitesse de 12 nœuds. Déséquilibre sur la gauche, impliquant un écart latéral en vent contraire. Mickey croise les données et dessine au compas un cercle sur la partie nord de la carte, qui borde les rives du lac et rejoint la lisière des bois. C'est plus loin mais, en ne traînant pas et sauf mauvaise rencontre, il peut espérer atteindre la zone en moins de 24 heures.

Mickey s'élance donc en petites foulées, son fusil à pompe à la main – histoire de parer à tout danger éventuel. Au milieu des bruyères et des fougères basses, son costume lui paraît soudain moins parfait. Poney bariolé à crinière blonde, l'impression qu'on ne voit plus que lui à des kilomètres à la ronde. Pour le coup, la tenue de Selva était beaucoup plus adaptée. Militaire, camouflage, sobre. Mais bon, l'heure n'est pas aux atermoiements.

C'est le jeu. Les règles. Mickey les accepte.

Chapitre 4
Selva

— Ta chance ? Évoluer différemment des autres.

C'est ce que n'a cessé de lui répéter la formatrice. Quand eux cherchent la lumière tels des moustiques en panique, la nuit est ton alliée. Quand tous s'abreuvent d'images pour réussir à se vider la tête, tu te suffis à toi-même.

Alors Selva progresse. Seule.

Tandis qu'elle s'avance vers les collines, une lumière bleue tirant sur le violet irradie ; des flashes projettent des ombres contre les rares bâtiments abandonnés qu'elle croise sur sa route – cahutes de bois, carcasses de voiture couvertes de feuillage... Chaque fois, Selva prend le temps d'observer et fouille, à la recherche d'une trace de son *squad*, mais aussi de nourriture. Elle a faim et visualise son estomac pour lui dire de patienter. Chaque fois, elle repart bredouille et continue de marcher, prudente. Elle court d'arbre en buisson pour se fondre dans la nuit. Et au moindre bruit inhabituel ou parfum vaguement humain, elle s'accroupit, immobile. Puis attend.

Recroquevillée, le corps en osmose avec la nature qui l'entoure, Selva s'interroge. Son *squad* a-t-il seulement réussi à sauter à temps ? Comment le retrouver ? Plus la nuit s'étire, plus la faim la tourmente, et plus le remords pointe. Et si elle était restée à bord, pour les aider à sauver Yuan ? Peut-être serait-elle à déguster une omelette, chantant avec ses compagnons pour célébrer leur vie de Robinson. L'ennui la guette, la solitude n'a rien de drôle. Elle a pourtant passé tant d'années, seule, dans le noir ! Mais c'était avant de découvrir la saveur du groupe. Les gens du bus avaient l'air gentils. Plus que ce paysage désolé qu'elle traverse.

— Je m'ennuie, je m'ennuie, je m'ennuie, murmure-t-elle à la nuit pour s'occuper.

Elle pourrait se construire un mur. Pour se « protéger », ils ont dit. Mais de quoi, de qui ? Elle a beau chercher, aucune trace de vie, nulle part.

— Y a quelqu'un ? se hasarde-t-elle parfois à prononcer.

Même l'écho est absent. Sa voix s'éteint à peine sa phrase finie et les cabanes alentour absorbent le bruit.

— Youhouuuuuuu !

Elle hurle à la nuit et la nuit se tait. La grenouille géante et la fille à la brassière orange ont parlé d'avarie dans leur bus. Et si eux aussi s'étaient trouvés là par hasard. Et que tout se jouait ailleurs ? Sur une autre île ? Selva est prête à manger de l'écorce, s'il le faut, tant elle a faim et voudrait tromper son ennui.

En contrebas d'une clairière, un campement de bois, fait de bric et de broc, paraît s'être improvisé. Enfin, un semblant de vie ! Ça s'apparente à un village du Far West, ou à un rendez-vous de trappeurs dans le Grand Nord canadien. Des rondins de bois, une marmite suspendue au milieu, un feu qui crépite. Plusieurs pioches et haches sont alignées le long d'une barrière. Selva vérifie qu'il n'y a personne et s'en choisit une : mordre à la glotte tous ceux qu'elle croisera pourrait la lasser. La lame est double face, raccordée à un simple manche de bois lui-même incrusté de pièces métalliques. Rustique. Sobre. Efficace.

— T'es à moi, ma belle, murmure-t-elle en l'empoignant.

La marmite est vide et le métal chauffé à blanc dégage une odeur de rouille brûlée. Selva entend son ventre qui gargouille. Les trois premières cabanes sont désertes et n'abritent que des planches de bois, quelques coffres éventrés ainsi qu'un vieux deltaplane déchiré. D'autres sont venus, c'est bon signe. Selva arrache les lattes du parquet à la recherche d'une cachette ou de quelqu'un, n'importe. En vain. La quatrième cabane lui redonne espoir. Une pioche barre l'entrée et Selva doit se contorsionner pour passer une jambe, puis l'autre. À l'intérieur, un homme dort sur une banquette. Sa barbe est blanche, ses traits usés. À son chevet, une sorte de masque à gaz grotesque, surmonté de cheveux turquoise hirsutes... Est-ce parce qu'il n'est plus très jeune qu'on l'a affublé d'un vestige de la Grande Guerre ? Il doit avoir dans les 80 ans, vouloir survivre à son âge est un peu ridicule. À son poignet, il porte lui aussi un bracelet de cuir épais, orné d'un badge doré. Un chiffre, 97, et un point. S'agit-il de son âge ? Selva vérifie le sien. Elle porte le numéro 03. Rien à voir, donc. L'homme bouge dans son sommeil, un peu de bave lui coule de la commissure des lèvres. Rêve-t-il ? En tout cas, rien ne trahit qu'il s'inquiète de la simulation de fin du monde promise.

Selva entreprend de fouiller la cabane, à la recherche de vivres, d'une carte qui lui permettrait de se repérer – tout est bon à prendre. Délicatement, elle ouvre les coffres, s'arrête dès qu'un gond grince et vérifie que l'homme continue de dormir. Les deux premiers coffres sont vides mais le troisième abrite un trognon de pomme grignoté et jauni. Pas très ragoûtant, mais Selva a tellement faim qu'elle l'engloutit aussitôt, pépins inclus.

— Youpi ! Miam-miam !

Sa hache à la main, elle tente de faire sauter le loquet d'un placard métallique mais la chaîne cliquète, Selva craint que le bruit la trahisse. Sous le lit, en revanche, une brillance attire son regard. Elle s'approche, c'est la lanière d'un sac. Elle s'allonge de tout son long et tend la main pour fouiller l'intérieur de la besace. À tâtons, elle croit déceler une fiole semblable à celle ingurgitée hier, elle veut la récupérer mais une main lui saisit brutalement le poignet. L'homme s'est réveillé et la regarde, à la fois féroce, méchant et paniqué. Selva sent les veines de son bras se gonfler sous la pression. Elle tient sa pioche-hache de la main gauche, elle peut le neutraliser d'un mouvement, mais à peine bouge-t-elle que l'homme se met à hurler comme un forcené.

— Ahhhhhhh !

Selva connaît cette sensation, le type est terrifié. Elle prend sa voix la plus douce et lui susurre, malgré la douleur à son poignet :

— Du calme, je te veux pas de mal.

L'homme resserre son étreinte.

— On partage ensemble, je te dis. Je te laisse tout.

L'homme crie à nouveau. Selva ne se démonte pas. Elle essaie de détendre son visage écrasé au sol, baigne son regard de douceur et détend tout son corps en inspirant profondément. Cela semble faire effet. L'homme se tait. Selva s'engouffre dans la brèche.

— Je te ferais dire que je peux t'aider, d'abord. Je suis toute seule. Alors qu'à deux, on est plus forts.

Son regard s'apaise, sa panique s'éloigne. Lentement, l'étreinte se relâche et Selva réussit à bouger son poignet, puis à décoller son visage du plancher. L'homme lâche prise. Elle ouvre les paumes en signe de paix et recule d'un pas. Surtout, ne pas l'effrayer. Un seul geste mal interprété, et il se remettra à crier, au risque de rameuter les combattants qui traînent dans le coin. Elle sent l'animal traqué qui vibre en lui. C'est à lui qu'elle s'adresse :

— Tout doux, tout doux.

L'homme la suit du regard. Elle aligne patiemment la hache, la fiole et la bribe de carte glanée dans le sac.

— Je te les rends. Excuse, vraiment.

Dos au mur, Selva fait lentement glisser la lanière de son sac à dos. Mais à peine le temps de poser son barda qu'un *clic* caractéristique l'arrête. L'homme pointe une arme sur elle. Un gros calibre, double canon, du genre qui ne rigole pas. Il la tient en joue, Selva déglutit.

— Bouge pas, ma jolie, il lui fait.

Ma jolie ? Pas trop le genre de remarque à se permettre avec Selva. Elle connaît intimement cette sensation : bêtement, pathétiquement, jouer de son corps moulé pour amadouer le vieux pervers qui sommeille en lui. Selva inspire fort pour gonfler ses seins et met du miel dans sa voix :

— Ah mais si tu me trouves jolie, on peut s'arranger, sourit-elle.

Lascivement, elle ose un premier pas, puis deux. Déjà, elle sent le bras de l'homme fléchir, son biceps se décontracte, plus aussi certain de vouloir l'éliminer. Elle est toute proche, un sourire suggestif accroché aux lèvres. L'homme baisse son arme, elle s'aventure à la caresser de ses doigts. De la main gauche, Selva défait la lanière qui retient ses cheveux et, délicatement, les fait retomber le long de son visage puis se penche au-dessus de la banquette. Ses pointes caressent le nez de l'homme, pétrifié de désir. Il ouvre la bouche stupidement, Selva sent ses petits halètements. Elle sourit toujours, son visage parallèle au sien, et enroule sa chevelure pour ne former qu'une seule mèche. Elle approche sa joue de l'homme, tout de nervosité sexuelle et, d'un coup vif, attrape l'extrémité de la mèche, la coince sous son cou à lui et tire des deux côtés pour l'étrangler.

Trois secondes, puis cinq, puis dix. En quinze secondes tout au plus, l'homme est passé de la surprise à l'angoisse puis à la panique totale et à la tétanie. Avant la fin.

— Je suis la *« jolie »* de personne, lui lance-t-elle avec morgue.

Dans l'instant, un drone surgit pour emporter le corps du vieillard dans un halo de lumière bleue. Selva crache. Sa salive la dégoûte, impression d'être tout entière imprégnée de l'odeur de ce vieux porc. Elle ramasse ses affaires, sa hache et sa fiole, récupère les vivres planqués sous la couverture et bazarde le tout dans son sac. Dehors, il reste deux cabanes à explorer mais plus question de s'attarder. Des voix s'approchent, alertées sans doute par les cris. Pour éviter d'être à vue, Selva grimpe habilement sur le toit. Une bande de quatre skieuses surgies de nulle part déboule, des pioches coiffées d'un drapeau à la main. Selva reconnaît l'Allemagne, la France et le Canada. Mais la tenue rouge et jaune de la quatrième est trop déchirée pour l'identifier.

« Bonne chance, les filles », leur souffle-t-elle mentalement.

Elle inspire. Expire. Puis saute à terre et décampe en slalomant entre les arbres.

Chapitre 5
Perkins

J'ai ouvert les yeux, sonné, et instantanément, j'ai compris. L'avion s'était crashé – plus rien ne bougeait – mais nous étions indemnes. Le bruit infernal partout autour de nous m'a confirmé que le feu de la toile s'était propagé à l'ensemble du bus et une épaisse fumée âcre – irrespirable – nous suffoquait, Yuan et moi. J'ai regardé sa jambe, pas jolie à voir, mais le tout continuait de tenir ensemble, par miracle.

— Tu peux marcher ? j'ai dit.

Elle n'a pas répondu. Sa capuche était déchiquetée. Deux options. Soit rester là et mourir. Soit tout tenter. Je me suis relevé sur les genoux, puis les pieds, et je l'ai reprise sous les aisselles en m'excusant de la bousculer ainsi. La température de la carlingue devait avoisiner les six cents degrés, les poignées alu commençaient à fondre. J'ai ramené ses bras autour de sa poitrine pour nous faire les plus minces possibles et j'ai doucement négocié le passage au milieu de l'allée afin d'éviter le contact avec la moindre parcelle de métal. J'étais en apnée pour éviter de respirer mais je sentais que je pouvais m'évanouir. J'ai sorti de ma poche un mouchoir que j'ai déchiré en deux pour le plaquer sur mon nez et le sien. C'est tout ce que j'avais en stock pour bloquer les particules fines. Son corps fatigué s'est laissé faire et j'ai bandé mes muscles. Ces semaines d'entraînement n'avaient pas été inutiles. « Une brindille, elle n'est pas plus lourde qu'une brindille », me suis-je dit en la traînant entre ce qu'il restait des sièges. Enfin, j'ai senti un sol meuble sous mes pieds, on était sortis du bus. J'ai continué de tirer au milieu du sable et du gazon, la fumée se faisait moins épaisse à mesure qu'on s'éloignait de la carcasse en flammes. Je me suis arrêté derrière ce que j'ai considéré être un refuge satisfaisant – une espèce de muret avec des parasols.

— Merci, elle a murmuré.

Enfin, je crois. Sa voix était à peine audible, couverte par les banquettes du bus en skaï qui explosaient une à une sous l'effet de la chaleur.

— De rien, j'ai dit. On est sauvés.

Le bus partait en feu d'artifice, saturant l'atmosphère d'une odeur infecte de brûlé. Des languettes de caoutchouc, des cendres, des projectiles nous frôlaient. J'ai soudain senti une douleur indicible – un morceau de plastique bouillant venait de se planter dans ma cheville, bizarre odeur de barbecue. Nous étions encore trop près. Péniblement, je l'ai tirée plus loin, sur une dizaine de mètres le long d'une piscine aux trois quarts vide, et je nous ai allongés tous les deux sous un abri carrelé. La paroi sent le moisi, et une fumée noire s'élève dans le ciel.

BOUM.

Tout bêtement. Le bus vient de faire *boum*, comme dans un dessin animé, projetant des éclats jusque dans la piscine. Au contact de l'eau froide, la chaleur du métal crée des volutes de brume, comme un geyser. Je n'en crois pas mes yeux. J'ai l'impression d'être l'architecte ou le capitaine du *Titanic*, sidéré que son joujou coule, à l'inverse de tout ce qu'il a imaginé. Yuan à l'agonie, le bus victime d'avarie, rien de tout cela ne doit arriver. Le jeu ne commence qu'une fois au sol. Et là, tout va déjà bien plus loin que prévu.

Comme un immense coup de bambou, soudain. Je me sens abattu, vidé. Yuan tremble dans mes bras et je n'ose même pas baisser les yeux sur sa blessure.

Réfléchis, Perkins. Prends ton temps et réfléchis. La priorité, c'est de soigner sa jambe.

CLAC.

Ok, rectificatif. La priorité est de savoir d'où vient ce bruit. Qui ne ressemble en rien au vacarme que produit le bus. Un coup de feu ? On dirait presque un crépitement de mitraillette. Furtivement, je rampe à même le sol pour scanner la scène.

— Bouge pas ! je murmure à Yuan.

Comme si elle en était capable... Côté bus, rien. Que les flammes qui perdent en puissance. À ma droite, un *country club* huppé plongé dans l'obscurité la plus complète, aucune vie. À ma gauche, une sorte de fortin, que je n'avais pas encore vu. Rondins de bois, construction sommaire et anarchique qu'on sent bâtie à la va-vite. D'autres bus ont atterri avant nous, je le sais. Mais quand ? Suffisamment tôt pour avoir le temps d'édifier de telles fortifications ? Un autre *clac* résonne, ok j'ai ma réponse : il y a du monde. J'aperçois une silhouette : un participant est sorti, déjà, et s'est tapi sous un auvent. Crâne rasé, tatouages et bandeau dans les cheveux, il observe le chemin qui mène à la carcasse du bus et fait signe que la voie est libre. Deux footballeuses sortent à leur tour, armées jusqu'aux dents, une brune et une blonde. Je me plaque un peu plus contre le sol mais je suis certain qu'ils ne m'ont pas vu, trop occupés à se protéger des explosions. En haut de la palissade de bois, un masque guette alentour, sorte de tête de citrouille un peu triste. Avec une dégaine pareille, je comprends qu'il reste à l'abri – on ne voit que lui à cent mètres. Le *squad* est au complet, ils sont quatre. Et le crash de notre bus les incite à sortir de leur tanière. Si vous comptez nous voler des armes, les cocos, vous allez être déçus.

J'avance en direction du bus pour les récupérer dans mon champ de vision derrière les parasols. Le trio football-crâne rasé s'avance en ordre rangé, les armes à la main. Ce sont des combattants, des vrais. Ils savent exactement comment manœuvrer pour que chacun soit couvert par les deux autres en permanence. M'étonnerait qu'ils soient là pour parler tricot. Parvenus au bus, la footballeuse blonde se met à fouiller les décombres tandis que les deux autres restent aux aguets. Le regard de la brune semble soudain attiré par quelque chose au sol.

Mes traces ! Les traînées que j'ai laissées en tirant Yuan. Elle appelle sa jumelle :

— Christine, viens par-là !

La Christine en question lâche le coffre du bus et s'approche. Tous trois se concertent d'un coup d'œil et, d'un même mouvement, suivent les traces dans le sable et l'herbe couchée. L'angle de vue m'abrite de leur regard, mais s'ils décident de remonter, je vais me retrouver nez à nez avec eux.

OK, ils avancent dans ma direction. Mon Perkins, ça commence maintenant !

Chapitre 6
Selva

L'entraînement a porté ses fruits, deux minutes de sprint suffisent à Selva pour rejoindre un bosquet de conifères. Elle écoute, guette et renifle pour savoir si d'autres sont lancés à sa suite. Et en profite pour reprendre son souffle et écouter le silence du vide. Rien d'autre que la nature.

Selva déplie sa carte : comment savoir où elle est ? Boussole, instructions... tout est englouti au fond de l'océan. Quand elle veut reconstituer le puzzle de son parcours, elle se heurte à un mur d'hypothèses dont aucune ne se détache clairement. L'îlot tout entier est entouré d'eau, elle peut avoir échoué n'importe où. Une dizaine de forêts peuvent prétendre être celle qu'elle vient de traverser. Sans compter que ni Mickey, ni Perkins ni Yuan n'ont dit où ils comptaient aller. Perkins est gourmand, il peut opter pour la ville, tenaillé par la faim. Mais Yuan pourrait vouloir mettre le cap sur un hôpital pour soigner sa jambe. Quant à Mickey, difficile de le cerner. Selva repense à sa dégaine, sa coupe mulet et sa moustache. Une boîte de nuit ? Une salle de sport ? Quand elle ferme les yeux, les images qu'elle lui associe instinctivement sont le sable, l'aridité. Le sec. Selva scrute la carte : l'extrême sud est désertique. Soit. Retrouver Mickey, c'est éventuellement partir vers le sud. Perkins, l'ouest et Yuan, le nord. Bref, l'infini des possibles.

De dépit, Selva chiffonne sa carte et s'écroule dans la mousse humide. À quoi bon se repérer si on ne sait pas où on va. Le regard tourné vers le ciel, elle comprend que l'aube menace, la lumière à l'horizon vire à l'orange. Ses repères fichent le camp, elle jurerait que la nuit vient de commencer. Elle n'a aucune envie de se retrouver à découvert en plein jour. Elle repart et emprunte le premier chemin qui vient, au hasard. Très vite, le sentier se fait plus ardu, les herbes plus hautes. Le sol, détrempé, s'affaisse sous ses pieds, et la piste s'évanouit bientôt au milieu des joncs. Selva a les pieds froids, elle fatigue et s'énerve car le soleil se lève vraiment. Aucune cachette, et ce n'est pas son sabre laser qui va la protéger si on la vise à distance. Plus loin, sur sa droite, une paroi rocheuse s'élève, de craie et de schiste mêlés, assemblage géologique bizarre, quasi surnaturel. Selva choisit cette option, le sol y sera peut-être plus sec, et au pire la paroi l'abritera d'un côté. Plus elle avance, plus elle s'enfonce mais hors de question de rebrousser chemin. Elle a de l'eau jusqu'à mi-cuisse quand enfin la pente remonte et rejoint la roche. Elle gratte doucement le tuffeau, un peu de poussière tombe, ce n'est donc pas un décor de carton-pâte. Elle porte sa main à ses lèvres et goûte le sable, amer et rugueux à la fois.

« C'est miam », se dit-elle.

Elle chemine en se guidant d'une main le long de la paroi. Tant mieux si elle s'écorche : délicieuse sensation d'être vivante... Au fur et à mesure, la roche se raidit et rejoint une autre paroi jumelle, donnant corps à un défilé étroit. On croirait un décor construit pour l'attaque de la diligence ou une embuscade en plein désert – risqué. Selva se retourne, retrouver la prairie impraticable et pleine de joncs la décourage. Elle s'avance dans le défilé. À mesure qu'elle progresse, les abords rocheux deviennent de moins en moins faciles, masqués par des épineux qui lui éraflent les bras. Bientôt, Selva est cernée par les buissons, elle trébuche, se griffe sans cesse et s'inquiète de la paroi qui se resserre. Régulièrement, ses bras, ses jambes marquent le tuffeau blanc de fines traces de sang, véritable petit Poucet version sanguinolente. Après ce qui lui semble une éternité, Selva tombe sur un à-pic de craie qui ferme le défilé. À droite, la roche. À gauche, la roche et, face à elle, un mur infranchissable ! Elle voudrait pleurer, elle a marché tout ce temps pour rien !

Seule solution : escalader. Selva cherche des prises mais la roche s'effrite, elle glisse. Impossible de sortir par le haut. Elle reprend son souffle pour réfléchir. Inspire. Expire. Fait le vide. Quand elle rouvre les yeux, son esprit est clair, elle analyse froidement ce qu'elle voit. Plus en amont, sur la gauche, le filon de schiste – d'un gris bleuté assez soutenu – s'effiloche à mesure qu'il descend, balafrant la roche avant de s'évanouir dans les buissons. Son dessin irrégulier imprime une sorte d'ondulation à l'approche du sol. À cet endroit, la roche fait des siennes, Selva en mettrait sa main à couper.

Elle se faufile sous les buissons et, à force de ramper, découvre un suintement sur la paroi, à la jonction précise entre schiste et calcaire. Là, sous la terre, l'eau poursuit sa course, trace d'une géologie millénaire, qui leur survivra tous. La main bien à plat contre la roche, Selva interroge la pierre pour savoir où aller. Sur ses phalanges, un léger filet frais souffle et remonte le long de son bras, jusqu'aux épaules, lui caresse les cheveux. Elle rouvre les yeux. Sur la gauche, dans la lignée du courant d'air, un buisson plus épais que les autres paraît frémir. Selva dégaine son sabre et sectionne habilement quelques ronces. Là, derrière les branches tortueuses qui plongent sous terre, une cavité se niche, creusée à même la couche de craie. Elle s'avance.

Le boyau, très étroit au début, s'élargit peu à peu. Plus Selva progresse dans la pénombre, plus elle perçoit une présence, un parfum. L'esprit des lieux ? Elle poursuit, comme aspirée. Jusqu'à tomber au détour d'un virage sur un dégagement baigné d'un mince filet de lumière qui descend du ciel. Pile sous ce rai, allongés sur un bloc de schiste recouvert de velours, deux adolescents dorment dans les bras l'un de l'autre. Peau hâlée, cheveux sombres, un frère et une sœur, sans doute. Qui se ressemblent d'une perfection étrange. Le même visage fin et ovale. Les mêmes grands yeux en amande. Seul le petit bouc que le garçon arbore au menton permet de distinguer son visage de celui de sa sœur. Et leur corps, bien sûr, moulé dans un costume de catch qui contraste avec la douceur de leurs traits détendus. On dirait des enfants déguisés pour le carnaval.

Le cœur de Selva se serre. Elle repense à son frère, son costume de Zorro, et puis l'oubli. Toutes ces années, à vivre dans le souvenir de sa silhouette restée devant la cour de l'école tandis que la voiture de son oncle l'emmène, elle, vers le néant.

— Viens, je t'emmène faire des courses, il a dit.

Elle est montée à bord. Ils ne sont jamais allés au supermarché... Quand elle est enfin sortie, douze ans plus tard, son frère était mort deux mois plus tôt. Et la seule image qu'elle garde de lui, c'est ce costume, ce masque et son regard triste. L'émotion monte, Selva halète presque. Elle lâche une larme, puis deux, avant de se reprendre. Pas le moment de flancher. Elle avise les armes posées le long des corps endormis – un fusil d'assaut et une mitraillette – et les éloigne. Très lentement, avec des gestes précis mais d'une délicatesse infinie pour ne pas les éveiller, elle leur ligote chacun les pieds puis s'assoit les bras autour des genoux. Elle observe leurs poitrines qui se soulèvent et s'abaissent au rythme de leur respiration régulière.

Sous la lumière diffuse qui tombe en bruine du ciel, Selva se sent étrangement sereine. Si bien, même, qu'elle pourrait s'endormir... Son souffle s'apaise. Elle se baigne dans l'infinie douceur de leur sommeil et, lentement, s'autorise à fermer les yeux un instant elle aussi… Dormir… Repenser à ce qui n'est plus, toutes ces années…

Et entendre à nouveau les pas lourds, les mêmes, chaque fois. Dix-sept marches, dix-sept pas. Et toujours ce souffle rauque, qui inspire, une fois, puis deux, avant le rituel. La porte s'ouvre. Il est là. Massif. Imposant. L'œil brillant. Il apporte le repas. Il pose le plateau, veut me regarder. Je n'ai pas faim, et manger très doucement retarde l'instant. J'ai beau prendre mon temps, vient le moment où mon assiette est vide. Où chaque miette est finie d'être engloutie. Alors je pose ma cuillère, c'est le signal qu'il attend.

Il s'approche. Je ne le regarde pas. Je ne le touche pas. Je ne fais rien que subir.

Cette pensée la révulse. Selva ouvre les yeux. Subir, plus jamais, elle se l'est promis ! Face à elle, deux paires d'yeux. Les jumeaux ! Ils ont détaché leurs liens – évidemment. Leurs mains, non ligotées, leur ont permis de se libérer mutuellement. Ils ont récupéré leurs armes et leurs traits n'ont plus rien de doux. Chacun pointe son arme sur elle. La mitraillette, le fusil à pompe et même une épée ! Selva vient de perdre le jeu, elle le sait. Mais elle ne fermera pas les yeux. Pas cette fois.

Chapitre 7
Perkins

Yuan n'est pas en état de bouger, je lui désigne les bains de soleil empilés contre le mur :

— Planque-toi sous les matelas, s'il te plaît, je reviens.

J'essaie de me rapprocher du fortin. Logiquement, les *squads* sont constitués de quatre personnes, ne reste donc là-haut que l'homme à la tête de citrouille. Deux options. Soit l'éliminer, mais c'est risquer d'alerter les autres. Soit me farcir les quatre en même temps. Chaud patate, mais qui ne tente rien n'a rien. Avant que les footballeuses et leur copain n'aient remonté nos traces, je cours donc de muret en obstacle. La citrouille est occupée à guetter ailleurs, j'en profite. L'accès au fortin est criblé de barbelés. En surplomb du fossé, en revanche, un frêle ponton mène à une guitoune, vestige branlant d'une tentative avortée de fortification. Les planches sont glissantes, des grêlons jonchent le sol et le tout menace de s'écrouler. Parfait : personne ne pensera que je m'y cache.

Je me faufile sans trop de problème. Les interstices entre les lattes mal dégauchies me permettent de glisser un œil. D'où je suis, je peux analyser en détail la situation. À l'évidence, ce sont les filles les meneuses. Le crâne rasé calque le moindre de ses gestes sur celle que je soupçonne d'être la cheffe – incapable de décider par lui-même. Quant à Tête-de-citrouille, il opère des allers-retours réguliers sur son chemin de ronde, l'arme au poing, sans réagir à ce qui passe dans son champ de vision. Manifestement, le mec est bête comme un balai-brosse et se borne à faire ce qu'on lui a demandé.

Yuan a dû bien se cacher, la blonde trifouille dans les matelas mais ne trouve rien. Le trio se dirige vers le terrain de tennis mais revient bredouille. Et décide de se replier. Cavalcade vers le fortin, dernier coup d'œil avant de passer les barbelés, puis fermeture de grille par Crâne-rasé. J'attends une trentaine de secondes puis je dégoupille et lance une première grenade vers la piscine, à l'opposé du fortin.

Boum !

Panique générale, ça tire dans tous les sens, sans réfléchir. Nouveau lancer de grenade de l'autre côté, *idem*, le groupe tire à vue. Je catégorise leurs armes – revolvers à portée limitée, un pistolet-mitrailleur customisé et deux fusils à lunette. La cheffe footballeuse mène la danse, elle abaisse le bras pour leur faire signe de tirer. À intervalles réguliers, chacun vise dans ce qu'il croit être ma direction, au hasard. Je compte scrupuleusement les coups et je calcule à quel moment ils vont devoir recharger. *A priori* tous en même temps – dommage. La chance est avec moi : un drone en goguette passe, les gars sont tellement en panique qu'ils vident leurs chargeurs dessus.

— Mais arrêtez, c'est un drone, s'énerve la blonde.

Pour toute réponse, Citrouille tire à nouveau en l'air. Ok, c'est le moment, je balance un grêlon contre la palissade.

Pan. Un coup.

Un deuxième grêlon contre les caisses. *Pan,* deux coups. Ne pas savoir d'où surgissent les projectiles les perturbe. J'ai bien fait de me planquer dans la cabane. Un silence : ils rechargent, c'est le moment. Je lance ma dernière grenade derrière eux. J'entends un cri puis l'explosion, et je profite du bruit et de la confusion pour sortir de ma tanière et défoncer la porte en bois à coups de pioche. Leurs silhouettes s'agitent mais personne n'a pigé que j'avais pénétré à l'intérieur.

— Tous à vos postes ! ordonne la cheffe.

Le *squad* se disperse aux quatre coins du fortin – l'erreur à ne pas commettre. Un tireur isolé est plus facile à combattre. Je grimpe silencieusement la rampe et *bam !* D'un premier coup de pioche, je vise la main de la citrouille, qui lâche son arme. Deuxième coup de pioche en pleine tête, *bim*, son masque explose et les projections aveuglent la footballeuse qui accourt pour l'aider. J'en profite pour la déséquilibrer elle aussi. Elle dévale à l'envers, de la peau de citrouille plein sa tignasse et je n'ai même pas besoin de lui tirer dessus pour que son *shield* tombe à zéro. J'abats un dernier coup sur la citrouille, *bingo !* Des drones surgissent pour les embarquer lui, et la footballeuse. Tout est allé si vite qu'à quelques mètres de moi, Crâne-rasé tremble dans un coin en s'évertuant à réarmer son chargeur. Il fait une cible presque trop facile, je m'avance en souriant mais le gars est si terrifié qu'il préfère sauter par-dessus la fortification, s'affale dans la douve boueuse et détale vers le golf en boitant.

Reste la cheffe. La brune. Maligne, elle s'est planquée dès le début en laissant son *squad* monter au front. Tout autour du chemin de ronde, personne. Je paierais cher pour avoir un viseur, une caméra thermique, n'importe quoi d'un peu sophistiqué. Un cliquetis m'alerte, une grenade roule vers moi sur le plancher ! J'ai juste le temps de sauter par le trou de l'escalier avant qu'elle l'explose. Des planches volent, la poussière partout et je n'ai pas la moindre idée d'où est la footballeuse. En bas, la grille est entrouverte. La guitoune branlante ! Par transparence, les interstices laissent voir la couleur du bâtiment derrière, sauf une ombre noire qui obstrue l'image, un peu sur la droite.

« Grosse maligne, je pense. T'as cru que personne ne te trouverait là. »

Je me planque derrière deux plaques d'acier vissées dans la fortification, je déballe mon sac à dos licorne et je farfouille dedans pour faire le point. Deux options. Soit je me barricade et je lui tire dessus sans fin pour l'avoir à l'épuisement. Soit je m'amuse à la déloger, ce qui est quand même plus drôle. On est là pour jouer, non ? Une grenade risquerait de ricocher et de la prévenir que je sais où elle se cache. Je déballe plutôt des explosifs et mon lama gonflable. Contre toute attente, cette baudruche ridicule va me servir. J'appuie sur la pastille de plastique, le truc prend forme et j'évite de presser dessus pour ne pas le faire couiner. Je scrute les arbres, la façon dont sont couchées les herbes hautes. Le vent doit faire à la louche trois nœuds, un bâton suffira. Je le fixe au lama, j'allume la mèche au briquet, et vole, petit lama !

Protégé par la paroi de bois, l'animal s'élève d'abord doucement puis bifurque dès qu'il prend le vent, direction la cabane. Timidement, il sillonne les airs tandis que la mèche finit de se consumer. J'attends qu'il soit pile au-dessus de la guitoune, je tire au silencieux et *paf*, le ballon explose. La footballeuse riposte mais ça ne suffit pas à arrêter la dynamite dans sa chute.

BOUM !

Youhou, c'est 14 juillet ! La cabane ne résiste pas et la fille se retrouve à découvert, à peine cachée derrière une planche.

— Rends-toi ! je scande. Et je te laisse la vie sauve.

Pas de réponse. Je la devine qui attend, inquiète de savoir ce que je lui réserve. Pour la peine, je lui concocte une petite surprise. Je rampe sous le fossé : avec l'angle de la butte, elle ne peut pas me voir. Je passe derrière la tranchée pour la prendre à rebours. J'arme mon lance-flammes et je vise à ras de terre pour brûler les herbes hautes, en prenant soin d'arrêter le jet juste avant sa planche. Très vite, le feu gagne du terrain, et elle n'a plus le choix, elle pique un sprint vers les bâtiments, m'exposant son dos que je me refuse à viser – trop facile.

Je cours à sa suite et pénètre dans la construction : personne. Je gravis les marches prudemment et débouche sur l'étage. Là non plus, personne ! Les fenêtres sont fermées, pourtant, et la hauteur du toit interdit de sauter.

« Où te caches-tu, turlututu ? » ai-je envie de murmurer.

Mais je me retiens, le moindre bruit trahirait ma position. Je ferme les yeux et me remémore le bâtiment vu de l'extérieur. Les colonnades. Le fronton, l'angle du toit. Les fenêtres sont à battants extérieurs. Elle a pu les refermer une fois dehors. Je scanne à 360° : un carreau moins poussiéreux révèle une trace. Deux options. Soit le personnel de ménage fait mal son boulot. Soit une main s'est posée là il y a peu. Je rampe au sol puis je me redresse le long de la fenêtre pour éviter qu'on me voie. De petits boudins de peau s'agrippent à la toiture. Ses doigts ! Elle est suspendue dans le vide et je l'imagine, les bras tendus, à espérer que je sois trop stupide pour la retrouver.

D'un geste précis et silencieux, j'arme à nouveau mon lance-flammes et je m'amuse cette fois à viser les tuiles du toit. La chaleur se répand, je vois ses doigts qui s'agitent, ça picote, ça la brûle puis, sous la chaleur, elle lâche prise. *Jackpot !* Je la laisse détaler vers la piscine pour rafraîchir ses mains dans l'eau, mais je me retiens de l'achever. C'est une dure à cuire, l'affronter à nouveau serait sympa. Mais à peine a-t-elle atteint la piscine qu'un cri retentit. Puis un flash. Un drone surgit et déjà sa silhouette n'est plus là, emportée au loin.

What the fuck !

Elle était juste un peu brûlée. À vue de nez, son *shield* marquait deux barres de vie. Est-ce que cela signifie que les règles ont été modifiées ? Je redescends en vitesse pour tenter de comprendre. Au sol, quelque chose brille sous l'éclat du soleil : un badge. Carré doré gravé d'une manière bien précise, serti en inversé. Un poinçon marque le coin supérieur gauche.

« 24. »

Je l'observe sous la lumière du soleil, il est beau. Je veux l'enfiler à mon poignet mais découvre que j'en porte un moi aussi.

« 17. »

Comme l'impression d'être un bétail qu'on marque avant de le conduire à l'abattoir...

Chapitre 8
Mickey

Mickey sait exactement où il va. L'accident du bus doit rester ce qu'il est : une infime perturbation dans l'ordre bien agencé du programme, simple gravillon dans sa chaussure de fonctionnaire d'élite – mode efficace. Tous les quatre-vingt-dix mètres, il dégaine sa caméra thermique et scanne la zone pour détecter une présence. L'absence de silhouette rouge-orangé lui confirme qu'il peut avancer sans crainte. La progression est lente, mais le risque zéro. Un Contrôleur F. sait ce qu'il fait.

Toujours.

Arrivé au premier village, Mickey s'arrête contre le mur d'un long bâtiment qui borde la falaise. Puis branche patiemment tous les fils et modules de sa connexion.

Wham 84 appelle la Base.

Je répète.

Wham 84 appelle la Base.

Un grésillement. Puis rien. Mickey persévère :

Wham 84 appelle la Base.

Wham 84 appelle la Base.

Wham 84 appelle la Base.

Wham 84 appelle la Base.

Toujours rien. Étrange, la connexion est ultra sophistiquée, rien ne saurait interférer. Déjà qu'il n'a pas reçu d'accusé de réception de son premier rapport... Mais Mickey évite de s'inquiéter : cette session est spéciale, il le sait. « C. » peut très bien avoir choisi de dérégler plusieurs paramètres pour éprouver les combattants. Reste à déterminer quoi faire. Émettre un avis d'alerte ? Difficile, sans signal. La nuit tombe et Mickey se sent un peu démuni. Lui qui se distingue habituellement par son autonomie n'aurait rien contre un signe, quelque chose, une présence. Même la silhouette mutique de Selva lui conviendrait. A-t-elle d'ailleurs résisté à l'impact avec le sol ? Mickey évite d'y penser. L'algorithme les a réunis, ils sont l'élite. Leurs ressources sont infinies. Ils sauront se retrouver, signal ou pas signal. Avant de s'endormir en chien de fusil, Mickey décide quand même de lancer un avertissement :

Wham 84 → Base

Défaut connexion. Absence signal.

Avarie bus. Mission en cours.

Degré d'urgence : simple signalement.

Au matin, son premier réflexe est de rezipper son jogging, puis de vérifier le *ghettoblaster*. Le message n'est toujours pas passé, sa gorge se serre. Comme la sensation d'avoir failli, déjà. Et si la Base l'avait déconnecté exprès ? « Ok, pense Mickey, stop la parano, on se concentre. » Caméra thermique en action, scan de la zone : personne. L'îlot n'est pourtant pas si grand, et les candidats au nombre de cent. La probabilité (fourchette basse) d'en croiser un par jour est de 2/9. Il ne faudrait pas que leur bus se soit crashé sur un vivier et ait éliminé d'un coup plusieurs dizaines d'entre eux. Ou alors c'est justement ça, la spécificité de leur mission ? Quatre combattants seulement. Plus personne à éliminer. Histoire d'analyser leur capacité à résister loin de tout ?

Oui, c'est probable ! Mickey pense que le mieux est d'écrire à la Base pour montrer qu'il a compris et qu'il accepte sa mission. Marquer des points, toujours.

Cours d'Estime de soi, 2e année

Ne ratez jamais une chance de valoriser votre potentiel.

Mickey tapote donc :

Wham 84 → La Base

J'ai compris. Suis seul. Au mieux, à quatre.

Mission : fonder une nouvelle humanité.

Je relève le défi.

Mais au moment d'appuyer sur « REC » et d'envoyer le message, il se retient, comme un flash. Mais qu'est-ce qui lui prend, pire qu'un débutant ! Un Contrôleur F. sait garder ses nerfs et ne panique pas à la moindre déconvenue. Heureusement qu'il n'a pas envoyé ce message, ça l'aurait décrédibilisé.

Faillible. Le pire mot du dictionnaire.

Mickey se reprend et décide de s'en tenir à son ordre de mission initial. Pas de signal ? Ou du moins, pas de *confirmation* de signal ? Soit, il continuera d'adresser ses comptes rendus et d'opérer comme bon lui semble. Un Contrôleur F. sait gérer les situations complexes ou incertaines. Tout finira par revenir. Mickey dégaine sa pioche flanquée d'une double tête de flamant rose. Et entreprend de fracasser méthodiquement tous les obstacles qui se présentent. La méthode le ralentit mais, chaque fois qu'il défonce une paroi, Mickey ressent le choc jouissif de l'explosion du bois sous sa pioche. Satisfaction presque animale de sentir sa propre force physique, savoir qu'il domine son environnement et que rien ne lui résiste. À vider les placards, les coffres qui traînent et les parois qui dissimulent des cachettes secrètes, Mickey engrange un maximum de vivres et de kits de survie – histoire de parer à toute éventualité. Et pouvoir résister longtemps en cas de crise. Plus il récupère, moins il en reste pour les autres. Mentalement, il visualise ses notes prises en session de formation :

Guide de survie
Milieu insulaire
Objectif n° 3 : affaiblir ses prédateurs/concurrents.
Moyen n° 1 : les priver des ressources.

Lentement mais sûrement, Mickey progresse vers le nord-ouest et rejoint une banlieue résidentielle. Si l'îlot compte encore des habitants, il y a de fortes chances que certains se cachent dans les villes – pour piller des magasins ou parce qu'ils sont incapables de survivre en pleine nature. Les villas sont alignées, proprettes. Et les jardins entretenus au cordeau. Clairement les quartiers chics – très loin de là où Mickey a grandi. Prudemment, il s'avance le long d'un mur en briques, et rejoint le sous-sol d'une maison de style anglais. Typique d'un certain habitat des années 1920, la maison est à moitié effondrée, sa porte vermoulue et ses fenêtres ouvertes aux quatre vents. Au sous-sol, la cave est vide, les probabilités qu'on s'obstine à y fouiner sont infimes. Mickey commence à avoir mal au dos, son sac est très lourd à force d'amasser. Il décide de laisser ici une partie de son butin. Délicatement, Mickey soulève une par une les planches du parquet. Surtout, ne pas faire de bruit ni laisser de traces. Personne ne pense jamais à fouiller le sous-sol. Suffit pourtant d'un peu de jugeote et de connaissance pour savoir que les parquets sont posés sur lambourdes, elles-mêmes souvent surélevées sur vide d'air. Soit un stockage idéal à l'abri des regards.

Une fois son butin protégé, Mickey remet minutieusement les lattes en place. Quelques gouttes d'alcool chlorhydrique pour estomper les traces sur certains clous et hop, l'illusion est parfaite – on croirait que le parquet n'a pas bougé depuis un siècle.

Petit *check* de l'émetteur. Toujours pas de signal. Mickey enfile son transistor en bandoulière et s'aventure dans le jardin. La nuit est calme. Au loin, le ciel déploie un halo violet fantasmatique. Et la caméra thermique ne décèle aucune présence. Pourtant, en tendant l'oreille, Mickey croit percevoir de la musique. Des basses un peu sourdes, et, oui, c'est bien ça, des éclats de voix ! Il rescanne la zone, toujours rien. Doucement, Mickey s'avance le long des haies de buis. À l'approche, sa caméra thermique s'affole : des ombres rouge-orangé trahissent des zones chaudes. *A priori* deux hommes et deux femmes, peut-être un cinquième ? Mickey retient son souffle et éteint sa caméra, le grésillement pourrait le trahir.

Chapitre 9
Mickey

Au bord d'une piscine désaffectée, quatre jeunes dansent lascivement au son d'un reggae *vintage*. La musique est douce, la scène étonnante et eux à mille années-lumière de l'atmosphère de fin du monde dans laquelle ils sont censés lutter pour leur survie.

— Ah ! Mais stop ! hurle une jeune fille en se dérobant au garçon qui tente de la chatouiller.

Elle est moulée dans un short de bain rouge, visière sur la tête. Face à elle, un autre gars – genre armoire à glace, foulard rouge et marcel assorti – esquisse savamment quelques pas de danse tout en mimant un *beat-box*. Le chatouilleur semble dépité – faut dire, il vient de se prendre un vent. Il rajuste son t-shirt zippé sans manche, enlève son masque anti-pollution dont on peut se demander à quoi il sert, et fait signe à la quatrième de la bande, une fille ordinaire – veste en cuir beige, regard triste mais cheveux fuchsia – qui dodeline d'un pied sur l'autre :

— Allez passe le joint.

Celle-ci s'esquive à son tour.

— Attendez, attendez, j'ai entendu du bruit, alerte soudain la fille au short rouge.

Tous les quatre se figent, le chatouilleur coupe le son des enceintes et Mickey retient son souffle. Il n'a pourtant pas bougé d'un iota, le silence est intact. L'angoisse peinte sur son visage, la jeune fille porte la main à son oreille et un doigt à ses lèvres pour leur intimer de se taire. Plus rien que le vent, la nuit, le silence…

— Prout ! mime-t-elle finalement avec sa bouche avant d'exploser de rire.

— Putain mais t'es trop con, la tance le danseur.

Tous ricanent bêtement. Il enclenche la musique à nouveau, elle semble satisfaite de son coup. Mickey ne peut s'empêcher d'avoir un pincement au cœur en pensant à Yuan. Typiquement son genre de blague puérile. Le son augmente, tous les quatre se coursent maintenant autour de la piscine, ignorant le risque de glissade. L'armoire à glace est étonnamment gracile. Tout en courant, il assure quelques pas de *break* assez puissants, l'air de rien. Mickey observe ce manège, fasciné. Ça peut donc aussi être ça, la fin du monde ? Ne se préoccuper de rien et profiter un maximum avant que tout s'arrête ? Le danseur vient de disposer ses copains en demi-cercle et s'apprête à leur faire un spectacle. Il coupe la musique et enchaîne en *beatbox* avec sa bouche, rythme saccadé. Il avance un bras, le replie, puis saute, pied gauche, pied droit. Petit pas chassé et tourné.

— Yeaaahh ! lance la fille triste.

— T'assures ! confirme le garçon en t-shirt zippé.

Le danseur salue son public et cède sa place :

— Allez, à toi, Lisia.

— Hey mais trop pas, je sais pas, moi.

— Allez, fais pas ta timide, insiste-t-il.

— Sans musique ? fait-elle en roulant des yeux.

Tchi-ki-pam, tchi-ki-pam, le danseur au foulard rouge invente un nouveau rythme, la jeune fille hésite. Ça y est, elle se lance elle aussi. Bras levé, poignet fléchi, elle descend la main par paliers au rythme de la musique, enroule son bras autour de son épaule et bascule la tête en arrière. Un temps, le rythme. *Tchi-ki-pam, tchi-ki-pam*. La voici qui saute les bras en l'air et explose de rire.

— Ok, ok, pas mal.

Chacun leur tour, ils prennent place tout en descendant des fioles énergétiques. Ambiance surchauffée, ils sont surexcités et leur *battle* de danse les galvanise. Mickey, d'abord sidéré qu'ils gaspillent ainsi leurs énergies, se laisse happer par le spectacle et oublie le temps. Une heure déjà qu'il n'en perd pas une miette. Faut dire, tous les quatre sont assortis, leur peau est lisse, fraîche, débordante de jeunesse. Mickey se rappelle qui il était à leur âge. Ses longues heures à potasser pour être le meilleur de sa promo. Les cernes, les nuits blanches et le teint grisâtre au petit matin. Il vérifie son reflet dans ses lunettes de soleil. Neutre, terne, triste. Malgré sa tenue *funky*, il sent bien qu'il aurait du mal à donner le change.

— Alleeeez !

— Même pas en rêve ! lance la jeune fille en short rouge.

Survoltée, sa copine saute sur place au bout du plongeoir :

— Le bisou ! Le bisou !

Ils sont passés à Action/Vérité. Le danseur s'approche. Crânement, il joue un peu des muscles. Et approche sa bouche de celle de la jeune fille. Elle hésite un instant, puis décide que oui, c'est d'accord. Quand leurs lèvres se touchent, les deux autres hurlent et applaudissent comme s'ils étaient seuls au monde :

— Youhouuuuuuu !

Plus qu'un simple jeu, le baiser s'éternise. D'où il est, Mickey distingue leurs langues qui tournent. L'autre garçon commence à s'impatienter – avec la fille aux cheveux fuchsia, ils tiennent la chandelle.

— Bon allez, stop, fait-il en les séparant. On n'est pas là pour rigoler.

— Ah, ah, t'es jaloux, s'esclaffe le danseur.

Mickey a l'impression d'être au lycée. Les beaux gosses rois du monde, sûrs de leur *modjo*, et les autres comme lui, en retrait, condamnés à contempler le spectacle qui défile sous leurs yeux sans prétendre pouvoir y participer.

— Bon, moi, j'ai trop envie de faire pipi, prévient la jeune fille à visière. Tu viens ?

Elle veut attraper sa copine par le bras mais celle-ci décline, bercée par un vague à l'âme soudain. Le beau gosse relance la musique et la fille titube vers les buissons.

— Et gare aux bébêtes, Maryse ! la prévient le danseur, pour plaisanter.

— T'inquiète, je gère.

Elle s'enfonce dans l'obscurité tout en esquissant plusieurs pas de danse qu'elle compte reproduire à la prochaine *battle*. Mentalement, Mickey prend des notes. Son rôle est d'observer et de cerner ce qui se fait, comment jouent les participants puis de les orienter vers plus d'efficacité – à l'instar de ce qu'un véritable *leader* raisonné et sensé ferait en cas de conflit ou d'urgence. Leur hédonisme va à l'encontre de ses théories, mais il est là pour compiler les données, pas pour juger. Il profite que les trois jeunes se replient vers la villa pour rejoindre un pylône et capter un signal.

Sa caméra thermique grésille – le métal du pylône qui provoque des interférences ? Mickey vérifie l'écran, silhouette rouge à l'approche. Il regarde dans la direction. C'est simplement une combattante esseulée, sans doute une de leurs copines. Elle est affublée d'un improbable costume de nounours rose. Et s'avance à pas de loups, déterminée.

Ok, menace. Le *squad* festif est en danger. Les prévenir ? Sauver Maryse ? Mickey carbure, un Contrôleur F. sait improviser. La nounourse s'avance le long de la piscine... Mickey doit trancher.

Maintenant.

Chapitre 10
Selva

Selva fixe les jumeaux droit dans les yeux, tour à tour. Elle ne cillera pas, et disparaîtra la tête haute. Le garçon la tient en joue avec sa mitraillette, il est beau et annonce :

— Tu dors depuis six heures au moins.

Selva tique. Sa voix est douce, amicale, presque.

— J'ai compté les minutes, sourit sa sœur.

« Et vous n'en avez pas profité pour m'éliminer ? » a envie de leur demander Selva. Mais elle se retient, inutile de leur donner des idées.

— Fallait me réveiller, leur dit-elle plutôt.

— Tu dormais comme une loutre.

— On dit comme un loir, enchaîne sa sœur.

Il hausse les épaules.

— On s'est dit que t'étais fatiguée.

Soulagement. L'îlot n'abrite donc pas que des concurrents pressés de supprimer tout ce qui bouge.

— Je m'appelle Selva.

— Walid. Avec un W. Et ma sœur, là, c'est Nour.

— Avec un N, plaisante-t-elle.

Avant d'enchaîner :

— On est frère et sœur.

— Vous vous ressemblez drôlement. Vous êtes là pour le jeu ?

— Parce que t'en connais qui sont là pour le week-end ? s'esclaffe Nour.

Walid se fait grave, soudain. Comme un mouvement de recul, il resserre les doigts autour de son fusil.

— Tu ne vas pas nous éliminer, hein !

Selva sourit. Tout le monde est sur ses gardes, la moindre remarque déplacée peut tout faire capoter, surtout ne rien brusquer :

— J'ai même pas d'arme. Et puis, pourquoi tu dis ça ?

— Ben c'est pour ça qu'on est là, enchaîne Walid. Je veux dire, l'îlot, c'est le but, non ?

D'un geste de la main, Selva leur fait signe qu'ils peuvent être tranquilles. Ces dernières heures l'ont vidée. Elle n'a pas envie de recommencer. Enfin, pas tout de suite.

— Walid, c'est ça ? En fait, je sais déjà plus pourquoi je suis là.

Tous les deux paraissent soulagés.

— Vous avez pas faim ? demande-t-elle.

— On crève la dalle, s'exclame Walid.

Selva déballe timidement ce qu'elle a dérobé chez Mr. Masque-à-gaz – un rogaton de pomme, deux fioles, quelques champignons... Malgré ce piètre butin, Nour lui saute carrément dans les bras, aux anges :

— Ah je t'adore, je suis trop contente !

Nour l'arrose de câlins, Selva se cabre : elle n'est pas habituée à une telle promiscuité avec une inconnue. Ni avec qui que ce soit, d'ailleurs. La peau de Nour est chaude. Ses cheveux sentent le camphre. Tandis qu'ils dégustent miette après miette ce « festin », Nour et Walid racontent à Selva tout ce qui leur est arrivé depuis l'atterrissage.

— Le bus a planté.

— Ah, nous aussi. Il a explosé ?

— C'étaient plutôt des bruits bizarres, rectifie Nour.

— Comme si on l'avait saboté, tu vois, ajoute Walid.

— Ou plutôt mal réparé.

Walid grimace, légèrement agacé que sa sœur le corrige :

— Qu'est-ce qui te prouve qu'il était en panne ?

— Je dis ça comme ça.

— Oui, eh bien, si t'es pas sûre, pas la peine de te la raconter.

Selva les observe, interloquée. Ils ne vont quand même pas se disputer ? Elle les relance :

— Et c'est là que vous avez décidé de sauter ?

— Bien obligés, maugrée Walid.

Nour veut ajouter un détail.

— Je sais à quoi tu penses, l'arrête son frère. Mais non, on n'avait pas le choix. Il fallait qu'on saute.

— On s'est pris la tête, insiste quand même Nour. Moi j'étais d'avis d'essayer de poser le bus en catastrophe.

Walid secoue la tête pour marquer combien il trouve l'idée stupide.

— Et votre *squad* ? veut savoir Selva.

— Quoi, notre *squad* ?

— Les deux qui étaient avec vous ?

Walid et Nour se sondent du regard. Qu'est-ce qu'elle raconte ?

— On n'était que nous deux, explique Nour.

— Frère et Sœur. La *team Family*.

Selva s'étonne : on lui a annoncé des équipes de quatre. Est-ce que Nour et Walid lui cachent quelque chose ? Nour lit dans ses pensées :

— Tu crois que ça cloche ?

Il est trop tôt pour le dire. Mais oui, c'est une hypothèse.

— Ce que je ne comprends pas, avance Nour, c'est qu'on nous a dit que tout serait cadré, qu'il fallait qu'on vive nos vies et faire comme si tout était pour de vrai.

— Et ?

— Tu trouves ça réaliste, toi, de survivre costumés en guignols avec juste des pommes à manger ?

« Pas faux », pense Selva.

— Pendant le stage, certains disaient même que le modèle était à bout de nerfs, enchaîne Walid.

— De souffle, rectifie Nour.

— Le modèle ? demande Selva.

— Ben, le jeu, quoi.

Selva fait signe qu'elle ne comprend pas.

— T'es quand même au courant que c'est la treizième fois ? Le jeu, je veux dire, ça fait treize fois qu'ils le font ?

— On m'a pas dit, murmure Selva.

Selva revoit le regard de l'homme au masque à gaz, quand elle l'a étranglé. Elle entend le souffle rauque de la fille en brassière orange. Tout semblait si réel, en y repensant. Plus vrai que nature. Mais Selva cherche à se rassurer :

— Ceux que j'ai éliminés ont été télétransportés.

— Ah parce que t'as tué des gars ?

Les yeux de Nour s'écarquillent. Selva s'en veut. Ne pas les effrayer, surtout !

— Oui mais enfin, je veux dire, c'était moi ou eux. Ils étaient vraiment très très méchants.

— Bon, de toute façon, c'est qu'un jeu, ponctue Nour, sagement.

— C'est qu'un jeu, répète pensivement Selva.

— Nous, on n'a éliminé personne, confesse Walid. On a juste croisé un gars masqué tout en rouge mais il avait pas l'air très sympa, on s'est carapatés.

— C'est notre technique. On reste tous les deux, tout le temps. Et on attend.

— Mais si je voulais vous tuer ? s'enquiert Selva.

— On n'a pas dit que notre technique était parfaite, s'amuse Walid.

— Mais vous avez votre conscience pour vous, comprend Selva.

Nour rebondit, toute contente :

— C'est pour ça qu'on a voulu participer. Prouver qu'on n'est pas obligés de céder à la sauvagerie.

Selva se ferme soudain – les images du crapaud désarticulé laissé à la merci de l'océan lui nouent la gorge. Nour comprend qu'elle a gaffé.

— Non mais je ne dis pas ça pour toi. Je me doute que tu n'as pas eu le choix.

— Et puis, notre stratégie a ses limites, enchaîne Walid.

— Comment ça ?

— À cause des vivres, répond Nour. Si tu ne sors pas, tu n'as rien à manger.

— Donc tu sors, enchaîne Walid. Et si tu sors, tu croises du monde.

— Et si tu croises du monde...

— *Pan pan pan !* tente de rigoler Walid en mimant un pistolet avec sa main.

Selva donne le change et rigole elle aussi, mais l'idée lui paraît glauque. Elle enchaîne :

— Mais vous, moi, on se connaît pas et pourtant. C'est possible, alors.

— Ah ! clame fièrement Nour avant de se tourner vers Walid. C'est ce que je me tue à te dire depuis le début !

Un éclair zèbre soudain la grotte.

— La tempête, tremble Walid.

Walid, Nour et Selva se regardent gravement. D'un même élan, ils comprennent qu'il faut sortir. Ils ne peuvent pas rester éternellement dans cette grotte, à attendre qu'un drone vienne les chercher parce qu'ils seront morts de faim. Selva hésite, mais sent qu'elle peut leur faire confiance.

— J'ai un *squad*, annonce-t-elle. Ils peuvent nous aider.

L'espoir. Walid fouille déjà dans son sac à dos pour en sortir sa carte. Il l'étale sur une pierre plate et dégaine sa boussole. Les aiguilles s'affolent et refusent de s'immobiliser. Il tapote, en vain : impossible de marquer le nord.

— Ça alors.

— Quoi ? s'inquiète Nour.

— Elle ne veut pas me dire où est le nord.

Nour s'empare de la boussole, agacée. Elle démonte le socle. Scrute le mécanisme puis refait tourner les aiguilles. Toujours pas. Elle s'écarte alors de la roche :

— Au cas où il y aurait du fer dans le mur, explique-t-elle.

Mais ils doivent se rendre à l'évidence, la boussole ne fonctionne plus. Selva s'apprête à leur dire qu'ils feront sans, mais un pressentiment l'arrête. Comme une ombre. Elle fait signe à Nour et Walid de se taire. Nour blêmit. Silencieusement, Selva leur désigne le boyau par lequel elle est arrivée. Si d'autres ont découvert l'entrée, ils sont faits comme des rats. Vite, elle leur désigne les parois du fond. Plusieurs stalactites offrent des prises. Nour réussit à se hisser, tout comme Walid, les bras entourés autour de la pierre qui suinte et les pieds posés sur un affleurement. Selva leur demande du regard s'ils peuvent tenir la position.

Oui.

Selva veut ranger les armes, trouver une cachette mais les pas se rapprochent, et déjà un faisceau de lumière balaie le boyau d'entrée. Une voix fait « Chut ». Les autres sont plusieurs. Selva s'étale de tout son long, dos contre les sacs. Elle garde les yeux ouverts. Ennemis ? Amis ? Aucune idée. L'essentiel : Nour comme Walid sont hors de vue. Ne reste plus qu'à improviser en fonction du déroulement des événements.

Comme une définition du mot *survivre*...

Chapitre 11
Perkins

Une brindille dans la bouche, genre Lucky Luke ou Jolly Jumper, Yuan m'attend près des parasols. Elle arbore une mine patibulaire et déclare :

— T'aurais dû l'achever, *buddy*.

Puis elle crache par terre. Je ne sais plus trop si elle plaisante. Je lui montre mon badge et celui de la fille : « 24. » et « 17. »

— Qu'est-ce que ça veut dire, d'après toi ?

— Leur nombre de carats ?

— Sérieusement.

— Le nombre de personnes que tu vas buter avant de te faire avoir toi aussi ?

Bon. Pas la peine d'espérer une réponse sensée de sa part. Mais je sens ma gorge se serrer à la perspective de ne pas finir l'aventure.

— C'est quoi le tien ? je demande.

— La tête à toto ! elle répond.

— Zéro ?

— *Bingo.*

— T'es con, je fais.

Elle hausse les épaules mais je me réjouis de la savoir à mes côtés. Je déplie la carte pour réfléchir à la direction à prendre. Deux options. Soit on va au front. On s'amuse mais c'est risqué. Soit on la joue sécurité, on laisse un max de concurrents s'épuiser avant de revenir dans le *game*. J'opte pour l'est, zone la moins habitée de l'îlot. Nous y serons plus tranquilles. Pendant plusieurs heures, on ne croise absolument personne, j'en viens presque à regretter mon choix. Nous longeons une rivière jusqu'à franchir un pont couvert – bon à savoir s'il se met à pleuvoir – puis, tandis que nous traversons un paysage de vallons qui pourraient faire croire qu'une vache va surgir derrière une maison, un grondement se fait entendre. Comme un bruit sourd. Comme si la terre tremblait, mais sans bouger.

— T'as faim ? suggère Yuan.

— Plaît-il ?

— C'est pas tes gargouillis, ce boucan ?

Décidément, elle vendrait père et mère pour une blague.

— Aucune idée. Mais viens, on se planque.

On s'abrite derrière une carcasse de voiture, difficile de cerner d'où vient le grondement. Soudain, celui-ci s'arrête et ne subsiste qu'un léger sifflement.

— Là !

Du doigt, je désigne le ciel, à trois heures. Un bus-aéronef, semblable à celui qui nous a transportés, moi et le *squad*, semble en difficulté. Le moteur est arrêté, l'appareil à la dérive et sa montgolfière se dégonfle à vue d'œil. À l'intérieur, la musique est couverte par des éclats de voix. Deux options. Soit sortir de notre cachette et risquer de nous faire canarder comme des lapins. Soit suivre le bus pour lui venir en aide.

— T'as aussi une option 3, s'amuse Yuan. Lance-leur une roquette, ça réglera le problème.

— On ne tire pas sur l'ambulance, je rétorque.

Faut croire que chez elle, si. Elle esquisse une moue navrée :

— Bien, monsieur le gentil. Comme vous voudrez.

Je décide de suivre le bus mais de rester sur mes gardes. À peine ma décision prise, celui-ci fait une embardée, comme chaviré. Un temps, il semble suspendu en l'air. La musique s'est coupée. Les cris aussi, surpris sans doute par ce qui arrive. Tableau presque magique, digne d'une toile de Magritte – celle où une bouteille flotte dans le vide, en lévitation. Très vite, néanmoins, le tableau se fissure. Le bus esquisse un soubresaut, puis deux. Les cordes lâchent une à une, comme si un programme avait ordonné de larguer les amarres. Libéré de toute attache, le ballon s'envole et le nez du bus pique dangereusement vers nous. L'engin fend l'air dans un sifflement terrible. Je plaque mon visage et celui de Yuan contre le sol et le bus s'écrase, soulevant au passage un nuage de poussière.

Je relève la tête. Un cratère s'est formé, d'une taille démesurée par rapport à l'impact, comme si la matière offrait moins de résistance. Alors que je veux m'avancer pour aider les survivants, un pressentiment et la main de Yuan m'arrêtent. Au milieu de volutes de fumée, une silhouette émerge, puis deux. L'une des deux semble totalement désorientée, empêtrée d'un masque de plongée, d'un tuba et de bouteilles d'oxygène. J'espère pour elle que les bouteilles n'ont pas été trop secouées par le crash, elles risquent sinon de lui exploser dans la nuque.

— Chacun pour soi, fait Yuan. Qu'elles se débrouillent.

— Et toi, tu t'es débrouillée, tout à l'heure ?

Ça la mouche. Hagardes, le costume déchiré, les deux silhouettes s'avancent maladroitement, leurs armes à la main.

— Et Mika et Janice ? fait la plus vaillante, coiffée d'une tête de tricératops.

— C'est fini.

— Mais non, attends.

La plongeuse s'énerve.

— Écoute tu fais comme tu veux mais moi je trace, ok.

— Mais on peut peut-être...

— *Ciao !*

La dino hésite mais sa copine s'éloigne, déterminée. Elle tourne une dernière fois la tête vers le bus, enfin vers ce qu'il en reste, puis décampe elle aussi :

— Attends-moi.

La plongeuse l'ignore et fait cap vers une sorte de pyramide inca. Quand elles sont hors de vue, ou presque, je sors de ma cachette. Fichée dans le sol, comme une brochette poivron-merguez tombée du barbecue, la carcasse du bus fait tache dans le paysage. L'ensemble paraît en équilibre précaire mais je me dois de tenter le coup, des vies sont en jeu !

— Au pire on piquera leurs armes, me lance Yuan.

J'évite de relever. Tandis que je m'avance vers le bus, une bourrasque manque me faire perdre pied. Le véhicule émet un grincement, la rafale est la pichenette qui lui manquait pour basculer, il s'écrase sur le toit dans un bruit de tôle froissée. Effroyable.

— Merde, je lâche.

J'ai à peine le temps de comprendre ce qui se passe qu'un halo bleu m'aveugle, emportant une silhouette de moustique géant assez monstrueux – et ce que je devine être une danseuse de flamenco. Plus personne à sauver, cette fois, et la compression métallique façon César qu'est devenu le bus empêche toute tentative de voler des armes. Yuan file déjà dans la direction contraire à celle des fuyards. Je la suis. Les environs sont calmes, nous parvenons sans encombre dans ce qui ressemble à un *drive-in*. Écran géant, enseignes désuètes et Cadillac lustrées. Retour dans le temps, au cœur des années 1950. Dingue ce que ça ressemble à mon film préféré. *La Fureur de vivre*. James Dean pourrait surgir à chaque coin de rue. Si je n'avais pas Mickey et Selva à retrouver, je serais chiche de m'installer ici et de demander à Yuan d'être ma Natalie Wood.

— Regarde ! je ne peux m'empêcher de m'exclamer.

Yuan semble totalement indifférente.

— Mais c'est la moto de James Dean !

J'aurais voulu me créer un décor personnalisé que je n'aurais pas procédé autrement. Je profite de la pause pour me rafraîchir un peu, me nourrir d'une fiole, puis vérifier et recharger une par une toutes mes armes. Assis sur un capot de limousine, je demande à Yuan :

— Où est-ce qu'ils peuvent être, d'après toi ?

— Selva, noyée.

— S'il te plaît, ne dis pas ça.

— Ok, si ça te plaît, je ne dis pas ça. Disons qu'elle fait son CAP sirène au milieu des poissons.

Je pouffe mais l'image de Selva, perdue au fond de l'eau me revient en boomerang et me bouleverse.

— J'espère qu'il ne lui est rien arrivé, je dis.

— C'est qu'un jeu, non ? me répond Yuan d'un air narquois.

— Faut y croire un peu, je nuance. Sinon, c'était pas la peine de venir.

Je me retiens de dire ce que je pense vraiment. Les bus qui se crashent. Les gens éliminés dans la première heure du *game*. Rien ne semble tourner vraiment rond.

— Et Mickey ? je demande.

— J'ai pas fait gaffe, j'étais occupée à me charcuter la guibole. Il a sauté ?

Je crois qu'elle blague, mais non. Yuan était avec nous, dans le bus, pourtant.

— Oui, il a sauté quand on survolait la côte ouest. Mais avec le vent, son deltaplane a pu dériver n'importe où.

— Qu'il se fasse bouffer par les loups, ricane Yuan. Il n'avait qu'à pas nous abandonner.

J'ai envie de lui répondre que les animaux sauvages sont interdits sur l'île. Mais je me rends compte que j'en sais rien, en fait. Et pourtant, c'est un fait : je n'ai pas croisé une mouche, pas un lézard, pas un bruit d'oiseau.

— Bon allez zou on s'arrache, fait Yuan. J'ai des fourmis dans les papattes.

— Roule poupoule.

Tandis que je rassemble mes affaires, je me souviens des mouettes que j'ai cru voir passer, dans le bus. Mais Yuan s'en fiche, elle s'avance déjà vers la mer.

Chapitre 12
Selva

Selva ne respire plus, en apnée totale. Son corps se met en veille, objectif : faire croire aux intrus qu'elle est morte… Et qu'elle ne constitue pas une menace. Les pas s'arrêtent :

— Euh, les mecs, c'est quoi, ce délire ?

La voix est rocailleuse. Selva s'imagine un gars costaud, la cinquantaine. Mais elle sait combien les apparences sont parfois trompeuses.

— Stop tout de suite, la touche pas, enfin !

C'est une voix fluette qui a parlé, cette fois, nerveuse. Selva perçoit d'autres pas, des frottements. À travers ses paupières closes, elle distingue le faisceau d'une torche. Son cœur se met doucement en arythmie mais son cerveau reste connecté.

— Tu crois qu'elle est morte ? s'inquiète la voix fluette.

— On peut pas mourir, on t'a dit !

— Ah ouais. Et pourquoi elle bouge plus ?

Selva sent une main lui secouer l'épaule.

— La touche pas, je te dis ! Si elle est contagieuse.

— Tu délires complètement.

— Bordel, le bus, les éclairs, les boussoles. Il te faut quoi pour arrêter de te croire dans un jeu ?

Les voix s'emballent. Selva garde son calme, seul moyen de tenir longtemps.

— Tu meurs, y a le drone. Alors elle, c'est quoi ? Pourquoi elle est encore là ?

— T'as vu son badge ? questionne une voix de femme.

Selva croit reconnaître un accent créole.

— Quoi ?

— Elle a le numéro 03., elle est bien trop vieille pourtant.

— Arrêtez avec votre délire, là. Les numéros, c'est du plouf-plouf. Regardez plutôt si ses armes valent le coup.

— Faut la brûler.

C'est la voix fluette qui vient de parler. Un temps, qui paraît à Selva une infinité. Puis la voix rocailleuse s'efforce de répondre calmement :

— Cal, faut arrêter, là. Tu reposes ces allumettes.

Mais Selva entend que ça s'agite, on la touche, on la bouscule pour glisser quelque chose sous elle. Du papier ? Ouvrir les yeux est risqué. Elle ne sait pas s'ils sont armés.

— Mais enfin, s'énerve la fille. C'est trop humide, ici, tu n'y arriveras jamais.

— Ça va mal se passer, prévient l'autre gars.

— Ils faisaient ça au Moyen-Âge, ça limite les contagions.

Ils ne vont quand même pas la brûler vive ! Selva entend qu'on craque une allumette. Elle pense à Nour, Walid, perchés sur leurs stalactites. Soudain, un sifflement, un seul. Le corps près d'elle s'effondre lourdement.

— Mais ça va pas, non ? lance la voix créole.

— Tu vois pas qu'il délire complètement ? J'ai pas envie de mourir asphyxié, moi.

— Mais.

— Mais quoi ? Tu veux gagner ? Alors arrête de t'encombrer. Viens, on se tire.

Un halo bleu, le ronronnement d'un drone. Selva suppose que le gars à voix fluette est télétransporté. *A priori*, ils ne sont plus que deux et elle arrive au bout de son apnée.

— Je vérifie au fond et on décampe.

Selva entend des pas puis un cri étouffé. Le gars s'inquiète :

— Ça va ? Qu'est-ce qui se passe ?

Elle l'entend qui la frôle. Selva ne peut se retenir plus longtemps. Elle ouvre les yeux, relâche son diaphragme, emplit ses poumons d'une traite et se redresse. Au fond de la grotte, Walid tient la fille en joue, immobile. Le gars porte un masque blanc barré d'un losange rouge. Il s'approche de Walid, l'arme au poing :

— Tu la lâches ou je te flingue.

Walid serre les dents. On le sent qui se force à être violent mais au fond de lui, il a peur. Selva échange un regard avec Nour, agrippée à son stalactite. Hors de vue des assaillants, elle ne perd pas une miette de la scène. Selva lui fait signe de la main : à trois, on y va. Un. Deux. Trois. Nour chute bruyamment à terre. Le temps que le gars tourne la tête, Selva lui saute dessus à son tour et profite de la surprise pour le bloquer. Il veut se débattre, elle serre plus fort. Nour bondit et lui décoche un coup de poing au menton, puis au ventre. L'homme est à terre, il gémit. Selva lui arrache son arme et lui fait signe de se placer à côté de la fille, que Walid continue de tenir en joue. Selva ne perd pas une minute.

— La poche avant de mon sac, fait-elle à Nour. Doit y avoir de la corde. Attache-les.

— On les tue pas ?

— Et ta technique, alors ?

Si ce n'est plus vraiment un jeu, il va falloir se calmer sur les éliminations. Nour s'applique et ligote habilement l'homme et la femme ensemble.

— Vous n'allez pas nous laisser là ? s'inquiète la jeune fille.

Selva la toise. Elles auraient pu être amies dans une autre vie. Tête sympa, lunettes rouges et coupe déstructurée. Mais bon, l'autre vie est loin.

— Faut pas y aller, là-bas, ajoute son copain au masque blanc. Ils sont en train de devenir fous.

— C'est la fin du monde, répond tristement la jeune fille.

Selva regarde Nour, puis Walid. Elle les prend à part.

— Est-ce qu'on veut vraiment attendre ici la fin du monde ?

Walid sourit.

— La question est dans la réponse.

Selva se marre.

— C'est l'inverse mais c'est pas grave.

Elle et Nour se font un *check*. Tous trois savent les limites de leur stratégie. Et puis qui sait si d'autres ne vont pas venir à leur secours ? Selva avise une boîte d'allumettes, laissée à terre.

— Il ressemblait à quoi, le troisième ? demande-t-elle.

— Chapeau haut de forme. Genre rocker épouvantail...

Les deux prisonniers s'agitent, mais ce n'est pas le moment. Nour rassemble les affaires.

— Et eux, on en fait quoi ? demande discrètement Walid en les désignant.

— On les laisse là, confirme Selva.

— Au pire, quand leur énergie sera vide, enchaîne Nour, leur badge alertera la Base.

Au pire, en effet...

Chapitre 13
Mickey

Journal de bord
Compte-rendu de mission
Nuit 1
(Rapport intermédiaire)

Faits marquants

Élimination participants 41, 77 et 96.

~~Sauvetage~~ Récupération participante 12.

Contexte

Observation et analyse d'un *squad* dit « festif » (participants susmentionnés)

Décor : villa, piscine désaffectée.

Attitude de survie : danse, chants, « carpe diem » avant la fin du monde.

Atouts : humeur positive. Consolidation des liens inter-humains.

Inconvénients : distraction. Délai de réaction en cas d'attaque.

→ Irruption d'un élément exogène (jeune femme, mascotte nounours rose, matricule non identifié).

→ Élimination en l'espace de 2'43 de trois des participants par l'élément exogène (moyens utilisés : pioche boule à facettes, mitraillette automatique).

→ Efficacité des drones : satisfaisante. Délai d'intervention moyen : 12 secondes.

Une fois son rapport établi, Mickey essaie de l'envoyer. Comme chaque fois, le voyant reste désespérément rouge. Mickey rembobine la cassette. Repasse la bande magnétique sous sa langue, pour augmenter sa teneur en humidité et donc sa réceptivité, et enclenche à nouveau la touche rouge « REC ». Mais rien. Pas de signal. Le rapport attendra. Mickey ferme les yeux. Il les revoit, qui dansent, beaux, lumineux. L'avenir. Rayés de la carte d'un seul trait par une grotesque nounourse. Depuis trois minutes, Maryse tourne en rond autour de la piscine, paniquée. Elle les a cherchés dans la villa, d'abord. Mais n'a trouvé que leurs sacs, une casquette et quelques fioles brisées. Elle a ensuite appelé au dehors :

— Vous êtes où ?

Rien.

— Ou-hou ?

Toujours rien, sa panique est montée d'un cran.

— Sérieux, les mecs, vous êtes relous, là. Arrêtez de vous cacher !

Sa voix s'est faite belliqueuse. Dans l'espoir de les ramener, sans doute, elle a gesticulé quelques pas de danse, maladroite, puis a vociféré :

— Bon. Eh ! Ça suffit, c'est plus drôle, là.

Puis elle a vu leur chaîne hi-fi, éventrée au fond de la piscine. Le silence. La nuit. Et elle a compris. L'alcool, la joie et la musique ont quitté ses traits. Et depuis, elle gémit sans s'arrêter et pleurniche tristement :

— Mais on dirait que c'est pour de faux, d'accord ?

Mickey renfile son *ghettoblaster*-émetteur en bandoulière et s'avance vers la piscine. Elle est vulnérable, fébrile. Son allure bonhomme joue pour lui. Il adopte un ton volontairement cool :

— Hey, fait-il d'une voix claire, franche.

La jeune fille se redresse d'un coup. Premier réflexe, se cacher le haut du corps, sentant soudain que sa tenue de plage est incongrue.

— J'ai tout vu, annonce d'entrée Mickey. Tout ce qui s'est passé.

Un temps. La jeune fille reprend espoir.

— Pas cool. Ils sont entrés à quatre, tes potes n'ont pas eu le temps de capter ce qui se passait que, déjà, c'était *over*.

— Tous les trois ? murmure la fille.

— Tous les trois.

— Même Tonio ?

Mickey prend un air désolé.

— Celui qui t'a roulé une pelle ?

Elle opine du chef. Mickey déploie sa panoplie « compassion » – voix douce, yeux plissés, et main sur l'épaule – il sait qu'un contact physique est bienvenu dans ces circonstances :

— Je n'ai rien pu faire. Même Tonio.

— Mais pourquoi ?

— J'étais seul. Ils étaient quatre. C'était plié d'avance, se justifie-t-il.

Maryse semble perdue. Mickey l'attire contre lui :

— Tu as le droit de pleurer, tu sais.

Elle ne se fait pas prier et sanglote à nouveau de longues minutes. Une fois qu'elle est calmée, Mickey lui propose de partager son repas.

— Si tu veux, on peut aussi bouger ensemble, propose-t-il en finissant sa pomme.

— Mais on n'est pas supposés rester avec son *squad* ?

— En théorie, si, ment-il. Mais là, tu es seule. Moi aussi.

— Ben oui tiens, demande-t-elle, soudain légèrement méfiante. Tu m'as pas dit, il est où ton *squad* ?

Mickey soupire ostensiblement et fait passer un voile dans son regard. Il convoque le souvenir du crash, la disparition. Et chevrote :

— Toi et moi, on est pareils. On a des points communs, quoi.

Effet miroir. Un soupçon de mystère. Rien de tel pour inspirer la confiance. Son silence passera pour une souffrance indicible, incapacité à formuler sa peine.

Kit confiance

Enseignement n° 8.

Faire croire à l'autre qu'on est plus malheureux que lui.

→ *Réveille son instinct de protection.*

→ *Vous rend plus attachant.*

Bingo, Maryse semble rassurée.

— Du coup, on fait quoi ?

— On trace vers l'est, prévient Mickey.

Pas trop le choix. À l'ouest, ils buteraient contre l'océan. Tandis que Mickey range son sac et éteint le feu pour faire disparaître toute trace de leur passage, un bruit de rebond résonne sur les dalles de la piscine et un ballon vient rouler à leurs pieds. Une jeune basketteuse est là, debout.

— Je suis désolée de vous déranger mais…

Alerte rouge : comment a-t-il pu ne pas la voir arriver ?

— Vous êtes potes ? demande Mickey à Maryse.

— Non. Enfin, je crois pas… répond Maryse, une pointe d'hésitation dans la voix.

— C'est juste que… Enfin, j'ai assisté à la scène, tout à l'heure.

Montée immédiate de stress chez Mickey. Qu'a vu la basketteuse *exactement* ?

— Et je… je suis toute seule, quoi, je vous ai vus discuter et je me disais… enfin, je ne veux pas m'imposer… mon nom, c'est Grud… et…

Mickey attend qu'enfin elle accouche de sa phrase. Elle se décide :

— En fait, vous m'emmèneriez avec vous ?

— T'es seule ? s'enquiert Mickey, méfiant.

— On était deux avec ma copine Fab mais, moi aussi, le nounours m'a bousillé mon *squad*.

— Le nounours ? s'étonne Maryse.

— Oui, dans les quatre, il y avait un nounours, lui chuchote Mickey à l'oreille, stressé à l'idée que la basketteuse ne trahisse ses propres mensonges.

Maryse n'est pas loin de recommencer à pleurer. Mais Grud enchaîne :

— On était tranquillou à se construire un petit camp, histoire de pouvoir *chiller* peinard, quand ce truc sorti de nulle part a déboulé. Au début, on a trouvé ça cool, genre, chouette, une mascotte. Style parc d'attractions. Fab a même chantonné, dansouillé avec.

— Comme nous, se souvient Maryse.

— Et d'un coup d'un seul, l'autre a pété un câble. Elle a sorti une sorte d'épée et a sarclé plusieurs fois Fab aux bras. J'ai cru que c'était la fin.

Grud s'arrête, pétrifiée par le souvenir de ces images.

— Fab a réussi à s'échapper, j'ai couru moi aussi.

Elle prend une respiration.

— Elle m'a abandonnée, en fait…

Mickey s'avance vers elle et lui touche l'épaule. Empathie. Sympathie. Contact.

— Nous on te lâchera pas.

Les deux jeunes filles sont fragilisées, Mickey en profite pour prendre la tête des opérations. Il se la joue rassurant, décidé.

— Il va falloir que vous soyez des *warriors*, ok ? Faites voir vos badges.

— Nos badges ?

— Vos bracelets dorés, là.

— Ah. Moi j'ai... Maryse relève sa manche. « 12. »

— Et moi « 72. » ! ponctue Grud. Ça alors, c'est rigolo.

Car ça rime avec... aurait ajouté Yuan. Mais Mickey se retient de faire la blague et se contente de prendre note. Il vérifiera leurs fiches plus tard.

— C'est quoi, ces numéros ? s'inquiète Grud.

— Obligé, ça veut dire quelque chose, réfléchit Maryse.

Les pairs sont les filles, les impairs les garçons, c'est tout ce que sait Mickey. Mais pour le reste, « C. » l'aurait prévenu, non ?

— Et toi, t'as quel numéro ? l'interrompt Grud.

— Je l'ai perdu, improvise-t-il.

— Ah.

Elle semble déçue.

— Mais en vrai, t'avais quel numéro ?

Trouver une réponse, vite :

— 100.

Effet maximal, les filles restent coites, confirmation qu'elles se pensent chanceuses d'être tombées sur lui. Mickey en profite :

— Bon, je trace devant. Je vous laisse les vivres ?

Mickey déteste porter des sacs. Les filles obéissent et le suivent jusqu'à la cave de la villa. Elles hallucinent devant son butin, considérable, et en profitent pour se vider une fiole chacune, histoire de reprendre des forces. Mickey déplie sa carte.

— Attends, mais c'est quoi ce plan trop détaillé ?

— T'es un magicien, en fait ! s'exclame Grud. Tu vas nous sortir un lapin de ton chapeau ?

— J'ai pas de chapeau, s'excuse Mickey.

Les filles se regardent, elles explosent de rire. Mickey se sent tout penaud d'avoir loupé la blague et les déteste pour ça. Leur âge, leur sexe, deux points communs qui les font se sentir proches naturellement. Comme une complicité innée dont il est exclu. Il reprend la main :

— Je sais où on peut se réfugier. Ça vous branche ?

Il dégaine sa boussole, les aiguilles s'affolent. Qu'importe, il se fiera au soleil. Les filles le suivent et tous les trois avancent parmi les maisons désaffectées, passent un carrefour, les feux clignotent au vert… Mais au bout d'une heure environ, Mickey s'est déjà trompé trois fois. Et le trio a dû rebrousser chemin après s'être heurté à une impasse.

— T'es sûr qu'il est à jour, ton GPS ? ricane Grud.

— Je peux aussi vous laisser vous débrouiller avec votre nounourse...

— Ok, pardon. je blaguais, c'est tout.

— On te *follow* à donf', confirme Maryse.

A-t-il senti une pointe de moquerie ? Comme si elle cherchait à imiter sa manière de parler. Mickey a pourtant savamment étudié son personnage : son look, son phrasé – tout pour donner l'image d'un gars cool et sympa. Histoire que personne ne se méfie de lui. Leur cheminement est de plus en plus périlleux, l'ambiance devient comme plombée et Mickey doit se concentrer énormément. Les filles fatiguent à cause du poids de leurs sacs. Là où la carte indique une forêt, ne reste plus qu'un champ brûlé. Quand il s'attendrait à traverser un mini-golf, Mickey se perd entre des caravanes éventrées. Rageuse impression que sa carte, supposée détaillée à la perfection, est en réalité complètement fausse. S'agit-il d'une nouvelle épreuve pour tester sa capacité d'adaptation ? Mickey trouve que « C. » abuse un peu : comment s'assurer du bon déroulement des opérations si on s'obstine à lui mettre des bâtons dans les roues ? Peu à peu, enfin, le paysage s'urbanise et le trio déambule dans les allées d'un quartier résidentiel construit à flanc de falaise.

— On va se rafraîchir deux secondes ! annoncent soudain Grud et Maryse.

Même pas le temps de les mettre en garde : elles bazardent leur sac et se ruent dans la maison. Mickey en profite pour tenter d'envoyer son rapport. Mais toujours pas de connexion. Aucun signal, jamais ! À la va-vite, Mickey griffonne sur un papier ces quelques mots :

La LIGUE des gentils de l'univers.
Rendez-vous

Il réfléchit aux moyens de fixer un point de ralliement que seuls Yuan, Perkins et Selva comprendraient mais des cris retentissent depuis l'intérieur de la maison. Mickey lâche son papier et se précipite. À l'étage, les cris redoublent. Mickey avale les escaliers quatre à quatre, se dirige vers la pièce d'où vient le vacarme et est assommé à peine la porte franchie. Sur le lit, Grud saute comme une dératée et Maryse est armée d'un polochon qu'elle lui balance à la figure.

— *Battle !* hurle Grud en se jetant sur lui à son tour, un oreiller dans chaque main.

Mickey esquive mais n'a rien pour répliquer : les filles se sont accaparées tous les coussins. Elles le coincent dans un coin et s'acharnent sur lui, mortes de rire. Ça hurle, ça trépigne, leur énergie déborde de partout. Enfin, Mickey réussit une sortie et dévale les escaliers, poursuivi par les filles bien décidées à ne pas le lâcher. Mais quand il sort de la maison, c'est le choc.

— Nos affaires ! se décompose Grud.

Sur la terrasse, plus rien. Leurs armes, leurs sacs, et le *ghettoblaster* ont disparu.

Chapitre 14
Perkins

Tous les combattants ne sont pas des sauvages sanguinaires. Dans un *diner*, nous croisons un gars plutôt sympa, séparé de son *squad*. Je lui propose de faire un bout de chemin ensemble, mais l'irruption d'un punk à crête d'Iroquois nous oblige à mettre un terme à notre discussion. J'opte pour l'attaque, mon nouveau copain choisit quant à lui de fuir. Du coup, on se perd de vue dès le bonhomme récupéré par son drone (je l'ai expédié en deux coups de pioche bien sentis). Dommage, le gars était vraiment chouette mais bon, c'est le jeu. C'est reparti pour la marche. À l'orée d'un bois, des bruits résonnent et quatre costumés s'agitent maladroitement pour se construire un abri à partir des matériaux qu'ils ont sous la main.

— Pour leur CAP de maçon, ils repasseront, persiffle Yuan.

— C'est une forteresse ? je demande.

— Je dirais plutôt un château de sable, pouffe-t-elle.

Difficile en effet de faire chantier plus mal fichu. À côté, le fortin bancal du tennis club était un chef d'œuvre d'ingénierie. Rien que le plan, déjà. Ils ont adossé leurs remparts contre un vestige de carrière – je dirais de la craie. Suffit qu'il pleuve pour que l'eau s'infiltre par la roche et fragilise l'édifice.

— Je n'en donne pas cher en cas d'averse, me confirme Yuan.

Au loin, effectivement, une tempête menace. Deux options. Soit attendre qu'ils soient vulnérables pour attaquer. Soit...

— Je m'ennuie, souffle Yuan. On les tue ?

Je ne suis plus certain de trouver ça très drôle. Je préfère les observer. Leurs gestes sont désordonnés, on dirait des personnages de dessin animé qui feraient tout à l'envers. Faut dire, leurs costumes n'aident pas à les prendre au sérieux. Une clown géante à tête de folle porte à bout de bras une lourde planche. Son binôme, que j'assimilerais à un lutin des Carpates – chemisette verte, pantacourt rouge – est juché sur un échafaudage de fortune, à mi-hauteur du rempart. Il veut attraper la poutre pour donner un coup de main mais délaisse ce qu'il est en train de faire, et trois traverses dégringolent, meurtrissant le bras de la clown au passage.

— Non mais oh, bouffon, tu le fais exprès !

Elle est furax et veut lui balancer un de ses grands gants blancs en représailles. Celui-ci manque sa cible et gifle leur chef par mégarde, un Viking casqué de cornes gigantesques.

— Bande de branquignols ! il crie. J'en ai marre de vous, vous n'êtes vraiment bons à rien de rien.

Tout penauds, la clown comme le lutin attendent la suite des remontrances mais un vacarme formidable les interrompt. Derrière la paroi de bois, une pile entière de plaques de métal s'écroule lamentablement. Une jeune fille vêtue d'un pyjama à motifs hamburgers pleurniche, du sang sur les doigts :

— J'ai pas réussi à le retenir.

Gros-Viking hausse la voix :

— Galère, c'est plus possible.

— Mais je suis pas bricoleuse, je t'ai dit.

— Tu veux survivre ?

Timidement, la jeune fille fait oui de la tête.

— Alors t'apprends ! Si tu crois que tu pourras appeler un maçon ou un plombier quand faudra te protéger. Allez, va me chercher des cordes !

— Mais où ça ?

— J'en sais rien, bon sang de bois ! Trouve-moi des lianes dans la forêt, et dépêche-toi !

La jeune fille semble catastrophée. Deux options. Soit elle déteste se faire crier dessus. Soit elle a peur du grand méchant loup. Dans tous les cas, j'ai du mal à cerner ce qu'elle fiche dans le jeu. Indifférente à la drôlerie du spectacle, Yuan se coupe tranquillement les ongles à l'aide d'un couteau suisse.

— Viens, on y va, je fais.

La jeune fille est vulnérable, la fenêtre est idéale pour l'aborder et faire copain-copain. Yuan se contente de hocher la tête :

— Je suis bien, là. Si elle t'embête, bute-la.

Décidément, c'est une obsession.

— Et si elle me menace ?

— Appelle-moi, et je la buterai.

Inutile de débattre. Je descends la pente à la rencontre de la jeune fille. Celle-ci ne porte même pas d'arme – on dirait Bambi, perdue dans sa forêt, incapable de résister au premier chasseur qui se présente. Péniblement, elle tire sur des lianes qui pendouillent mais se blesse les mains à manœuvrer sans gant. Elle n'a ni pioche, ni arme, je ne risque pas grand-chose à l'approcher :

— Psst, je fais.

Elle s'arrête, interdite

— Par ici, je dis plus fort.

Elle se retourne et m'aperçoit : cette fois, on dirait un lapin pris dans les phares d'une voiture... Doigt sur les lèvres, je lui fais signe de se taire. Mon revolver est à portée mais j'évite de la braquer pour ne pas l'effrayer. Un cri et elle rameuterait son monde.

— Je suis là en ami, je dis.

Elle reste sur ses gardes :

— Qu'est-ce ce qui me le prouve ?

— Je t'aurais tiré dessus, sinon.

Elle blêmit mais ma réplique fait mouche. Son visage se détend. Un peu.

— Tu cherches de la corde, c'est ça ?

Oui de la tête.

— Tu vois le hangar, là-bas ? je dis.

Une immense masse de tôle et parpaing dresse sa silhouette en contre-jour.

— C'est une usine électrique. Des bobines sont empilées devant, il reste forcément du fil.

— C'est mieux que des lianes, tu crois ?

— Si tu veux que votre château résiste à la pluie...

L'information fait son chemin jusqu'à son cerveau. Elle est partante.

— Pourquoi tu m'aides, en fait ?

— À plusieurs, on est plus forts. C'est ton chef, le Viking ?

— Oui.

— L'a pas l'air commode.

Elle rit sous cape. Pas faux.

— Je peux vous aider, je poursuis. Tu me présenterais ?

Elle a l'air d'hésiter.

— C'est pas moi qui décide mais bon, je vais voir ce que je peux faire. Je te retrouve là ?

Bof moyen. Pas très envie de me retrouver seul face aux quatre gugusses, au milieu de la forêt.

— Mets les gants de la clown sur deux piquets – je saurai que la voie est libre.

— *Deal.*

— *Deal.*

Elle tourne les talons vers le hangar. Avant de remonter, je précise :

— Au fait, moi, c'est Perkins.

— Mathilde, mais mes potes m'appellent Mat.

— Enchanté, Mat.

Et elle détale. De retour là-haut, je raconte tout à Yuan, qui trouve que j'aurais mieux fait de foncer dans le tas et tous les buter. Mais une heure plus tard environ, j'aperçois Mathilde qui enfile un gant sur un piquet, puis un autre. Elle regarde dans ma direction.

— C'est le signal !

Tous les quatre sont postés à l'entrée du chantier. Yuan préfère m'attendre sur la colline « au cas où ça tournerait mal ». Bien droit sur ses deux jambes, le Viking tient à montrer qu'il reste sur ses gardes. Il a la main dans la poche, histoire de me faire croire qu'il a un pistolet. Pas besoin d'être Einstein pour comprendre que c'est pour de faux – rien que la forme confirme que ce sont juste ses doigts. Comme les trois autres sont désarmés eux aussi, je comprends pourquoi ils s'obstinent à construire ce bastion. C'est leur seule défense possible. Quand je ne suis plus qu'à quelques mètres, Gros-Viking me lance :

— Bouge pas !

Je fais un geste en guise d'apaisement.

— Merci. Pour les câbles, finit-il par lâcher.

— Ça ne suffira pas, j'enchaîne. Vos fortifications, là, elles ne vous défendent contre rien.

— T'es architecte ?

— C'est pour vous que je dis ça. Le calcaire, c'est friable.

Je me tourne vers la clown que j'ai vu cheviller des lambourdes tout à l'heure.

— Un coup de pluie et ça lâche.

— Et pourquoi tu nous aiderais ? demande le chef.

— J'ai des armes. De la technique. Mais je suis seul.

— Nous aussi on a des armes. Et de la technique, scande le lutin.

Son chef lui fait signe de se taire. Je souris d'un air entendu.

— On pourrait faire donnant-donnant.

Le Viking semble réfléchir. Faites que Yuan n'improvise pas une entourloupe. Déjà que la négociation est tendue...

— Pour vous prouver ma bonne foi, je peux aussi vous révéler votre talon d'Achille.

— Ah ouais ?

— Je peux ? je demande.

Pas de réaction. Je prends ça pour un oui. Vu comme ils ont procédé pour assembler leur bousin, je sais exactement quoi faire. Je dégaine ma pioche, tout doucement pour éviter de paraître agressif et je fais gentiment levier sous le quatrième rondin à l'angle. Quelques centimètres suffisent pour qu'un pan entier du mur bascule et s'écrase dans un nuage de poussière. Tous me regardent, sidérés.

— Faut revoir les plans, je dis.

Ça a l'air de les convaincre. Le chef s'avance aux côtés de Mathilde et me broie la main de sa poigne de fer. Elle est un peu moite, signe que, sous ses airs de gaillard sûr de lui, il doute, lui aussi.

— Perkins, c'est ça ?

Je vois que les présentations ont été faites.

— Ragnar.

C'te blague. Il s'appelle Ragnar, donc on lui a refourgué une dégaine de Viking ? Est-ce que mon costume a aussi été choisi en fonction de mon prénom ? J'évite d'y penser.

— T'es seul ?

— Là oui. Mon *squad* est dispersé. Je ne sais pas trop où ils sont.

Je lui fais remarquer sa main, qu'il a sortie de sa poche de veste.

— Et donc vous n'avez pas d'armes, en fait ?

Sa pupille se dilate, je le rassure *illico* :

— On est cool, Raoul, Ragnar. J'ai dit que je vous aidais, je vous aide.

Il m'emmène faire le tour du propriétaire. J'en profite pour comprendre ce qui leur est arrivé.

— On a sauté du bus comme prévu. Delta impec. Pas un poil de vent, c'était super.

— Et vous avez oublié vos armes ?

— En fait, y en avait pas, m'avoue-t-il avec une mine déconfite.

Coromoto, la clown, renchérit :

— On a fouillé le bus. Rien. Zéro. *Nada*. Alors on a décidé de sauter quand même.

— Mais au sol non plus, *nada*, peste Ragnar. Alors on s'est dit que la meilleure solution, c'était de la jouer au bluff.

— C'est-à-dire ?

Ragnar hésite mais accepte de m'emmener voir leur « réserve » : des dizaines d'épouvantails de bric et de broc. Piquets, bouts de tissu, paille et feuilles. Rude boulot.

— Donc l'idée, c'est de les installer là-haut pour donner la sensation du nombre ?

— Tu piges vite, me confirme Ragnar, pas peu fier.

— Mais à la moindre attaque...

— Couic, se désole Mathilde.

N'empêche, Ragnar est un rusé, j'aime ça.

— J'ai toujours préféré les échecs aux Indiens, j'explique. Ça me plaît, la stratégie.

On passe tout en revue. Janroj, le lutin des Carpates, prend en note les corrections que je suggère pour consolider le tout. Ragnar reste dubitatif :

— Du coup, on ne double plus l'avant par un bouclier d'acier ? me fait-il.

— Ce que tu veux, c'est que personne ne vous – ne *nous* – attaque ? je lui demande.

— Idéalement.

— Donc, il faut les dissuader. Si tu doubles d'acier *devant* le bois, ça impressionne, ça fait craindre une forteresse imprenable, et ça évite qu'on vienne se frotter.

Je le vois qui réfléchit, pas ravi que je mette à mal son aura de fin stratège.

— Bon, ok, j'y avais pensé aussi.

Ben tiens...

— Janroj, file à l'usine chercher des plaques.

Janroj s'exécute. Dingue ce qu'il est obéissant ; seul, il serait incapable de s'en sortir, je crois. Il a besoin qu'on lui dise quoi faire, qu'on lui ordonne, presque. Tout sauf réfléchir ou donner son avis. Le voir déambuler au milieu du paysage, sans arme, comme si aucun danger ne menaçait, me sidère.

— La peur est ennemie de la victoire, me taquine Ragnar.

— Tu lis dans mes pensées ?

— Peut-être, plaisante-t-il.

— Bon. On la peaufine, ton armée ? je propose.

— Affirmatif.

M'étonnerait que les autres habitants de l'île soient aussi inoffensifs ou mal préparés que ces quatre zigotos-là. Mieux vaut être prêts quand ils surgiront.

Chapitre 15
Mickey

Réfléchir, vite. Le voleur ou la voleuse n'a pas pu partir bien loin. Mickey pense que c'est jouable. Si la disparition des affaires est encore un coup de la Base, en revanche…

— C'est quoi, ce boucan ?

La voix de Maryse est fébrile. Des *clong* métalliques leur parviennent de la forêt toute proche. Rythme régulier, bruit sourd… la sensation est lugubre. Mickey fait signe aux filles de se taire et s'avance dans la direction.

— On va peut-être éviter de passer par là ? suggère Grud.

Mickey lui décoche un regard noir. Leurs gamineries les mettent gravement en péril, et son petit doigt lui dit que ces bruits et le vol ont rapport. Au détour d'un immeuble, il s'arrête brusquement.

— Y a un problème ? murmure Maryse de sa voix inquiète.

De l'autre côté du carrefour, deux granges se font face. Un colosse, torse nu et lunettes de soleil, ceinture de cartouches en travers de la poitrine, façonne à coups de pioche-marteau des parois métalliques pour leur donner la forme voulue.

— Le bruit métallique, c'est lui, annonce Mickey.

— Sans déc', se risque Grud.

— Il fait un peu peur, continue Maryse.

Et c'est vrai que son manège a quelque chose d'impressionnant. Musculature affûtée, précision des gestes, on le jurerait dessiné pour survivre.

— Il pourrait nous être utile, conteste Mickey.

— Je propose plutôt qu'on passe notre chemin, insiste Grud.

Maryse regarde le torse du jeune homme, fascinée. Toutes ces cartouches... Il pourrait les protéger contre la méchante nounourse rose. Indifférent à ce qui l'entoure, le jeune homme poursuit son projet – et s'engouffre cette fois dans la grange avant d'en ressortir bientôt, une perceuse à la main.

— Mais c'est quoi, son truc ? un abri antiatomique ?

— Un pare-tempête, rectifie Mickey. *Checke* les nuages roses, là-bas. C'est moyen bon. Si le gars est capable d'anticiper ce qui se prépare, c'est que c'est un caïd.

— Et qu'il peut donc facilement nous buter, rétorque Grud.

Mickey ne relève pas, admiratif de la gestuelle du colosse.

— De toute façon, si c'est lui qui nous a chouré nos affaires, il faut qu'on les récupère. Qui s'y colle ? chuchote-t-il.

— Comment ça, qui s'y colle ?

Mickey se tourne vers Grud :

— On est un *squad*, donc on partage. Faut aller lui expliquer qu'on est cool.

— Pourquoi nous ? s'insurgent les filles en chœur.

— Vous êtes des zouzes, il se méfiera moins.

— Vu ta touche, t'es pas super inquiétant non plus, pouffe Grud.

— Bon, je me dévoue, avance Maryse qu'on devine finalement contente d'entrer en contact, et plus si affinités.

Mickey fait signe à Grud de se mettre en position, tous deux s'alignent en tirs croisés pour défendre Maryse au cas où.

— On bouge pas.

***Guide du* Top Leadership**

Enseignement n° 12.

Savoir déléguer le risque.

→ *Responsabilise les autres.*

→ *Vous assure le retour d'expérience.*

→ *Fragilise le subordonné en cas d'échec.*

Maryse s'avance en serrant les dents. Pour peu que le gars soit du genre de la nounourse, elle vit peut-être ses derniers instants sur l'île. Après tout, pourquoi pas ? Un vol en drone, ça doit être pas mal. De plus près, le colosse mesure au moins deux mètres et affiche un paquet de muscles impressionnant. Maryse ose un timide :

— Salut.

Immédiatement, le gars se fige, pas sûr d'avoir entendu.

— Tu construis quoi ? poursuit-elle d'un ton volontairement badin.

Il se retourne. Maryse distingue son propre reflet dans le miroir de ses lunettes de soleil. Sans cerner ses yeux, difficile de deviner ses intentions. Son cœur s'emballe, c'est quitte ou double. Soit il l'élimine, soit il lui offre le thé.

— Je suis avec mes potes, là, et on se disait, peut-être on te donne un coup de main ?

Le colosse se fend d'un grand sourire. Gagné.

— Écoute, c'est pas de refus, fait-il d'une voix aiguë, qui contraste étrangement avec sa carrure. J'ai carrément du pain sur la planche.

Surprise, Grud réprime un ricanement et répond :

— Ah ben écoute, super, alors.

— Tiens, tu me découperais ça ?

Il lui désigne un établi, avec une scie à métaux, et de longues feuilles de tôle sans doute récupérées dans le hangar.

— Euh, d'accord, fait Maryse, prise au dépourvu.

À son poste, Mickey cherche à décrypter ce qui se passe. Grud ne comprend rien non plus. Arme au poing, elle reste sur ses gardes, prête à dégainer au moindre geste menaçant. Là-bas, Maryse s'attèle à découper une première feuille d'acier. Est-ce qu'il l'a prise en otage ? Puis Maryse pointe le doigt dans leur direction, Mickey se fige. Est-ce qu'elle les a dénoncés ? Et fait alliance avec lui pour sauver sa peau ?

***Guide du* Top Leadership**
Enseignement n° 78.
Ne se fier à personne, jamais.
→ *Vous êtes leur leader. Ils veulent votre place.*

Si elle essaie de les doubler, Mickey la dézingue sans sommation. Promis.

Chapitre 16
Selva

Quand Nour, Walid et Selva sortent de la grotte, une pluie fine les surprend. Selva avait oublié le goût de la pluie. Elle tire la langue pour avaler les gouttes mais referme la bouche immédiatement – comme une sensation de brûlure. Une onde de choc lui parcourt le corps.

— Vous sentez ? les questionne Walid.

— Des frissons dans le corps, confirme Nour.

Selva ouvre la paume de la main. Le long de sa ligne de vie, les gouttelettes restent intactes, violettes. Elle sent leur énergie irradier étrangement.

— Ce n'est pas de la pluie, continue Walid.

Sa voix tremble un peu. « Alors c'est ça », pense Selva. Les bouleversements magnétiques perturbent tout. Quelques minutes et déjà leurs corps sont décontenancés. Sensation ineffable, floue et étrange, qu'on ne peut raccrocher à rien de connu.

— Faut déguerpir, décrète-t-elle. Et d'urgence.

Des lueurs s'élèvent au loin. Ils se mettent à courir le long de l'étroit défilé rocheux. Qu'importe le cap, tout sauf rester pris sous cette pluie qui les vide. Au-dessus de l'océan, la tempête donne l'impression de se structurer, corps à part entière, qui flotte entre ciel et terre. Comme une masse violette, zébrée d'éclairs mauves.

— Euh, c'est quand même sacrément bizarre pour une tempête, siffle Nour.

— Et hallucinamment gros, renchérit Walid.

Le trio court le temps de gagner suffisamment de distance sur la tempête. Et s'arrête en bordure d'un terrain de golf. Il règne dans l'air un parfum âcre de pneu usé. Selva casse des restes de palissade pour préparer un feu.

— Ça va ? s'inquiète Walid en caressant l'épaule de sa sœur.

— Ben oui, pourquoi.

— Ta voix. T'as ton souffle ?

Nour décide de mentir. La course effrénée a réveillé son asthme, qu'elle croyait pourtant devenu de l'histoire ancienne. Mais elle ne veut pas les inquiéter.

— C'est juste un chat dans la gorge. J'ai dû attraper froid.

Selva observe son feu qui crépite, satisfaite. Elle se tourne vers Nour :

— Inspire, pour voir.

— Non mais ça va.

— Si ça va pas, faut le dire. Sinon, ça va dégénérer.

Nour s'exécute. Un léger voile alourdit son inspiration.

— Et t'as pas de ventoline, réagit Walid.

Nour s'alarme à l'idée de suffoquer. Son souffle se fait plus court, le filet rauque s'intensifie. Selva réagit immédiatement, elle s'accroupit devant elle et lui fait signe d'inspirer. Doucement. Nour suit le rythme de Selva. Peu à peu, sa respiration se calme, ne reste que ce mince voile lancinant.

— On peut t'en trouver ? demande Selva.

Walid réfléchit.

— On peut tenter le coup. Je veux dire. Y a forcément une pharmacie quelque part sur l'île.

— Ça veut dire aller en ville ? tique Selva.

Nour acquiesce.

— Il se passe quoi, sinon ?

— Je meurs ? répond Nour d'une voix timide.

— Comme ça, on pourra te brûler toi aussi, tente de plaisanter Walid. Comme au Moyen-Âge !

Nour et Selva ne peuvent s'empêcher de rire, malgré les circonstances.

— Au fait, Selva, enchaîne Nour, comment t'as réussi à leur faire croire que t'étais morte ?

— Je coupe ma respiration. Apnée totale.

— Mais c'est impossible.

— Je peux tenir six minutes, sourit fièrement Selva.

— T'es pas humaine, en fait, s'enthousiasme Nour.

La phrase déchire le cœur de Selva, elle sent une vague de chagrin déferler sur elle et croit vaciller, même. Non, elle n'est pas humaine. Plus humaine, disons. Mais elle fait ce qu'elle peut. Nour s'aperçoit de l'effet que sa phrase produit chez son amie, elle s'en veut, elle ne pensait pas à mal. Walid, lui, n'a rien capté de ce qui vient de se passer. Il se contente d'argumenter :

— Si on va en ville, on pourra aussi savoir ce qui se passe réellement, c'est pas en restant loin de tout qu'on saura ce qui menace.

Selva hésite. Elle préfère éviter les zones trop peuplées. Trop de pièges, de recoins qu'elle ne maîtrise pas. Au cœur de la nature, à l'inverse, elle se sent en connexion, dans son élément. Mais la respiration de Nour est lourde.

— Tu vas pas nous lâcher, la supplie Walid.

Nour s'accroche subitement à elle comme un koala. Selva est bouleversée. La simple idée de ne plus les voir lui transperce l'âme. Elle a déjà perdu son *squad*, hors de question de se retrouver seule à nouveau.

— Ok, on va la trouver, ta pharmacie, déclare-t-elle.

Ils repartent, le repos attendra. Walid avance en éclaireur et guette les fossés, les recoins. Parfois, des bruits de mitraillettes crépitent. À deux reprises, ils voient passer un drone bleu – signe qu'un des participants quitte l'aventure. Walid observe d'un œil inquiet ces corps désarticulés voler dans les airs, toujours engoncés dans leurs costumes ridicules. Une aviatrice, un ange… À qui le tour ?

— Si c'était la fin, ils rapatrieraient plus les corps, si ? s'inquiète Walid.

Selva n'a pas de réponse. Elle pense à son *squad* et est choquée par le paysage qui défile sous leurs yeux. Du carton-pâte sans vie, sans âme. Le terrain de golf qu'ils traversent paraît irréel, comme posé au milieu de nulle part, sans logique aucune. Comment arroser la pelouse sans eau douce à proximité ? Rien ne fait sens, ni les carcasses de voitures désossées, ni les fanions qui s'agitent à contresens du vent. Quand ils atteignent les restes d'une piscine et d'un country club éventrés, Selva décide de fouiller le coin.

— Ça s'est battu ici, décrète Selva. Il reste sans doute des vivres.

Des corps ont même été traînés et des véhicules calcinés. Tous trois se séparent pour voir ce qu'ils peuvent récupérer. Leurs armes bien en main, ils défoncent les portes une à une. Selva aime l'adrénaline que lui procure de jouer à la guerre. Walid, lui, tremble à chaque pas. Il claque des dents, sursaute quand la tempête gronde. Il pensait que la simulation serait drôle, il découvre la peur, la vraie. Derrière chaque porte que vous ouvrez, quelqu'un est tapi, qui peut vous rayer de la surface de la Terre. En pénétrant dans un hangar, il recule *illico* : une elfe irlandaise et une amazone chevauchant une licorne de carnaval se disputent un cageot de pommes. Les deux femmes ne se rendent même pas compte de son irruption. Elles se visent à coups de trognons, et les fruits s'écrasent lamentablement contre les murs. Walid s'éclipse en douce et court prévenir Nour et Selva.

— Faut qu'on trace. Y a deux filles en furie.

— Dans la cabane ?

— On peut peut-être discuter. Si elles ont des infos ?

Sourire navré. Walid leur confirme que non vraiment, aucun intérêt. À peine veulent-ils repartir qu'un cri résonne : un drone les survole, contourne la piscine et trace là où les deux femmes se battent.

— Planquez-vous ! crie Walid en les poussant derrière un muret.

L'une d'elles vient d'être éliminée, il en est certain. Dans la minute, une silhouette sort du hangar. La femme-licorne passe, le regard en feu. Elle croque rageusement une pomme, et en laisse tomber derrière elle, sans s'arrêter. Une fois celle-ci déguerpie, Selva aide Nour à se relever. Walid a l'air tout chose, couché dans l'herbe :

— Mourir pour une pomme, se met-il à pleurnicher.

— C'est un jeu, Walid. On dirait que c'est juste un jeu, insiste Selva.

Un jeu de merde. Un jeu nul. Mais un jeu. Une chose est sûre, ils ne trouveront rien de plus ici. Dès la sortie du hameau, une silhouette noircie encombre le chemin.

— Qu'est-ce que c'est ? demande Nour.

— Je dirais un bus, répond Walid. Enfin, ce qu'il en reste.

Ils s'approchent des décombres. Tout est calciné mais de près, on reconnaît la forme abîmée de sièges fondus. Un reste de câble métallique et même le miroir d'un rétroviseur. Selva a un horrible pressentiment.

— On fouille, elle lance.

— Mais y a rien.

— On fouille ! s'emporte Selva.

Tous trois se mettent à chercher, mais difficile quand tout est carbonisé. Nour s'énerve, elle a l'impression d'inhaler de la poussière nocive.

— Bon, faut qu'on avance, là.

— T'as rien trouvé ? demande Selva, qui s'est carrément allongée au sol pour gratter sous un reste de pneu.

— Des gants troués, tu parles que ça va nous servir.

Selva bondit d'un coup. Elle s'approche :

— Fais voir.

— De quoi ?

— Les gants, fais voir ! s'énerve Selva.

Nour s'étonne de la réaction de Selva.

— Ils sont là-bas, fait-elle en désignant un reste de siège. Mais ils sont troués, tes gants, ça sert à rien.

Selva se précipite. Elle découvre une sorte de mitaine sur un siège, perforé de toutes parts, et surmonté d'un scratch calciné. Selva ferme les yeux. Elle revoit le bus, le vol avant l'accident. Et distingue le visage de Yuan, qui fait la mariole avec sa capuche.

— Coucou ! Cachée !

Selva se concentre et visualise à nouveau la capuche. Les scratches ! Yuan portait des gants à scratch ! Selva n'ose comprendre : depuis tout à l'heure, ce sont les restes de son propre bus qu'elle fouille, c'est une évidence ! Elle sent monter un mélange de colère et d'émotion. Elle voudrait crier mais aucun son ne sort de sa bouche. Inspirer. Expirer.

— Selva, ça va ?

Walid et Nour l'observent, inquiets. Selva prend une immense inspiration, gorge ses poumons de cet air calciné. Puis expire près d'une minute avant de lâcher d'une voix neutre, une fois qu'elle a recouvré ses esprits :

— Ça va.

Même si tout autour d'elle lui dit qu'elle ne reverra plus jamais ni Perkins, ni Yuan, ni Mickey.

Chapitre 17
Mickey

Maryse les hèle maintenant à grand renfort de gestes de la main.

— You-ouh ! Les amis, venez !

Pour la discrétion, on repassera. Mais Grud n'hésite pas une seconde, elle s'avance déjà. Mickey marche à sa suite et garde son fusil chargé, au cas où. À leur approche, les visages de Maryse et du soldat s'éclairent :

— Mickey, Grud, je vous présente... Ah, flûte, je t'ai même pas demandé comment tu t'appelles.

— Souleymane, fait-il de sa voix flûtée.

— Souleymane, ça claque, ça. Et bien, Souleymane, je te présente Mickey et Grud.

— Salut, fait Grud.

Mickey avance d'un pas et tend la main. Souleymane lui explose les doigts, Mickey grimace.

— Pardon, s'excuse-t-il, je ne contrôle pas ma force.

« Une fleur dans un corps de béton », se dit Mickey. Dès qu'il parle et retire ses lunettes, le Souleymane est en réalité un agneau, qui ne ferait pas de mal à une mouche.

— Et du coup, Maryse t'a rancardé ? On avait laissé une radio et nos sacs dans le village.

— Ah c'était à vous ?

Souleymane s'empresse d'aller rechercher les affaires. Mickey se retient de fouiller mais *a priori*, tout est là. Souleymane s'excuse :

— Désolé, hein, si j'avais su que c'était à vous, je me serais pas permis.

Mickey fait signe qu'il n'y a pas de mal. Mais il ne lâchera plus jamais son émetteur, promis. Il doit rester sur ses gardes. Pas évident compte tenu de l'attitude de son *squad* : les filles papotent déjà joyeusement en aménageant ce qu'elles considèrent comme « leur espace réservé ». Comment le comité de sélection a-t-il pu songer une seule seconde qu'elles pourraient survivre sans chef à leurs côtés ? Mickey doit absolument en informer la Base.

— Je retourne vite fait *checker* qu'on a rien oublié, s'excuse-t-il. Je te les confie ?

— Ça roule, acquiesce Souleymane.

Journal de bord

Compte-rendu de mission

Nuit 1

Faits marquants

Squad reconstitué.

Humeur positive. Entraide. Spontanéité. Jeunesse.

Composition

Participants 04., 12. et 72.

Observations

Certains participants volent des vivres.

Certaines participantes inaptes à la survie. Encadrement resserré.

Tempête magnétique à l'approche – Indice : variation de luminosité.

Mickey reste évasif, pas la peine d'en faire des tonnes si le signal ne passe toujours pas. Quand il revient au campement, Grud masse joyeusement les épaules de Souleymane, assis en tailleur dans l'herbe. Seule Maryse ponce patiemment des planches qu'elle aligne ensuite par ordre de grandeur.

— C'est fini ? demande Mickey.

— On fait une pause, s'excuse Grud.

— Et tu as prévu un renfort pour le toit ? demande-t-il à Souleymane.

— Je suis compagnon du devoir, dans le civil.

— Ça fait chic, ricane Grud. On se croirait à la guerre.

Mickey se rappelle sa mission première : s'assurer que les participants croient dur comme fer à ce qui leur arrive, coller au plus près des conditions réelles pour valider la phase d'observation.

— Tu sais, Grud, la nounourse, les *squads* qui disparaissent. Ça rigole plus vraiment, je crois.

Grud marque un temps d'arrêt. L'information percute son cerveau :

— Mais ça veut dire que Fab…

— Et Lisia, et Tonio… enchaîne Maryse.

L'émotion remonte. Mickey s'en veut de détruire leurs espoirs.

— Non, mais, simplement, faut qu'on prenne tout ça un peu au sérieux.

Le regard de Souleymane se perd dans le vide.

— C'est bizarre, quand même. Tout ce truc. J'ai croisé un gars, par exemple, qui avait perdu la moitié de son *squad* – leur bus s'est crashé. Il avait l'air dévasté, il parlait tout seul, même. Le genre qui a la tête sur les épaules, pourtant.

— Attends, il ressemblait à quoi, ce type ? l'interroge Mickey.

— Je sais plus trop, se souvient Souleymane. Plutôt balèze. Un t-shirt bleu, peut-être. Non, rouge ! Et, euh, enfin, son bus a explosé, les autres ont sauté, mais lui a une copine qui s'est fait défoncer la jambe...

« Perkins ! songe Mickey. C'est mon squad. »

— Et il était comment, genre, balèze comme toi, un harnais violet ? Est-ce qu'il avait un bouc ?

— Pour tout te dire, je ne me souviens plus très bien, s'excuse Souleymane.

Grud trouve l'intérêt de Mickey un peu louche :

— Dis-moi, tu m'as l'air de bien les connaître, ces gens. T'aurais pas plutôt *abandonné* ton *squad*, par hasard ?

Mickey comprend qu'il a ripé. Il se ressaisit aussitôt :

— Je l'ai croisé à la formation. Je vous passe les détails, c'est compliqué. Mais si on retrouve ce gars, ça peut être une bonne chose pour nous. Souleymane, c'était où ?

Souleymane est désolé, impossible de se rappeler où et quand c'était. Mickey a la rage.

— Putain ! Le gars est hyper hyper intelligent, ok ? Il capte tout, ça trace à mille dans sa tête.

Grud, Maryse et Souleymane sentent que c'est sujet sensible. Ils évitent de contredire Mickey.

— On peut l'attendre ici, suggère Souleymane. S'il est futé, il va nous retrouver ?

— C'est l'idée que j'avais, confirme Mickey.

Cette lueur d'espoir les rebooste, ils se remettent à construire. Souleymane supervise la technique et Maryse se révèle une maçonne hors pair. Elle explose à coups de pioche des blocs de pierre parfaitement rectangulaires qu'elle élève le long de la paroi d'acier. Quand le tout est enfin à hauteur de ce qu'ils ont imaginé, Mickey les félicite de cette entente d'équipe, gage de survie en environnement hostile.

— Je suis fier de vous. Chaque chose à sa place et une place pour chaque chose.

— L'ordre de l'univers, siffle Grud.

— Exactement. Bon, on va dormir, maintenant. On l'a bien mérité. Mais chacun doit assumer sa part du groupe, décrète Mickey. Donc vous allez vous reposer, et moi, je monte la garde. Dans deux heures, Maryse, je te réveille, et tu prends le relais.

Bonheur d'être pris en charge comme des enfants, tous les trois obéissent.

— Ça marche ! répondent-ils en chœur.

— Une dernière chose, ajoute Mickey. Il nous faut un signe de ralliement.

— Genre qui nous permette de nous reconnaître entre nous ? interroge Souleymane.

— Exactement. Un signe fort. Intense. Et qui marque notre loyauté sans faille.

Grud et Maryse paraissent impressionnées par ce souci du détail.

— Allez, Souleymane, l'encourage Mickey. Approche-toi. N'aie pas peur.

Souleymane s'avance et se campe sur ses deux pieds. Une montagne de muscles, douce comme de la chantilly. Mickey saisit son visage entre ses mains. Il approche son front du sien, ferme les yeux, et fait pivoter doucement son visage avant de faire se frotter leurs joues respectives trois fois. De haut en bas.

— Si l'un de nous venait à disparaître, explique Mickey. Ou si vous doutiez ne serait-ce qu'un peu de l'identité réelle de quelqu'un qui aurait l'apparence de l'un d'entre nous, demandez-lui de faire LE geste. S'il refuse, ou s'il se trompe, vous saurez que c'est un traître.

— C'est intime, non ? s'inquiète Grud.

— Justement, renchérit Mickey. Ça demande une grande confiance.

Ça les laisse songeurs. Mickey enfonce le clou, manière de les culpabiliser un peu :

— Vous me faites confiance ?

Les trois visages acquiescent d'un même élan. Officiellement, leur nouveau *squad* vient de naître. Animé par une confiance mutuelle inaltérable.

— Allez vous pieuter.

Mickey est ravi de l'effet produit. Ils lui obéissent au doigt et à l'œil, signe qu'il est leur chef incontestable. Deux heures plus tard, comme prévu, il réveille Maryse, c'est son tour de monter la garde. Son arme est posée à côté d'elle, il en profite pour un exercice. Il pointe l'arme vers elle et la réveille brutalement :

— Maryse !

Elle ouvre les yeux. Le canon du fusil est collé sur sa tempe. Mickey chuchote :

— *Pan !*

— Oh putain, répond-elle tremblante. J'ai cru que mon heure avait sonné.

— Tu ne dois pas te défaire de ton arme. Sous aucun prétexte.

— J'avais mal au dos.

— Je ne veux pas le savoir. Tu dors sur le côté, sur le dos, comme tu veux. Mais tu ne quittes pas ton arme.

Mickey lui caresse les cheveux et adopte un ton paternel.

— Je ne voudrais pas qu'il t'arrive quelque chose, tu comprends.

Maryse lui sourit, rassurée de sentir qu'on tient à elle.

— Allez, file. Dans deux heures, c'est *your turn* de réveiller Souleymane, d'accord.

Le gaillard s'est réveillé, justement. Mickey prend un air solennel.

— Maryse aurait pu y passer.

— C'est vrai ?

— Oui, enfin...

— C'est trop dangereux, on va dormir ensemble.

Grud gigote à son tour. Dans un demi-sommeil, elle répond :

— Non, mais t'inquiète, ça va, c'est cool.

— Allez, Maryse, file, et nous on reste tous les trois ensemble.

— Tu es sûr ? insiste Souleymane, qui stresse un peu d'être à l'étroit.

— On se fait confiance, non ? maugrée Mickey. Si tu n'as pas confiance, il faut le dire.

— Si, si, j'ai confiance.

— Prouve-le, profite Mickey.

Le geste.

Souleymane hésite, mais Mickey le guide. Il lui prend la tête entre les mains, fait basculer leurs fronts et pose sa joue. Une. Deux. Trois secondes. Contact visuel.

— Allez, maintenant fais pareil avec Grud.

La jeune fille est petite, Souleymane doit se plier en deux. La scène est touchante et Mickey ravi d'avoir instauré ce rituel.

— Allez, on dort tous les trois.

Sans même qu'il ait besoin de le demander, c'est cette fois Grud qui s'approche de Mickey, lui prend le visage dans les mains et bascule son front puis sa joue contre lui.

— Bien, chuchote Mickey.

Il s'allonge sur une pelisse étendue au sol. En tapotant du plat de la main pour leur faire signe de s'allonger tout près de lui.

— Ensemble. Loyaux. Fidèles, murmure-t-il tandis que ses deux disciples s'endorment contre lui.

Chapitre 18
Selva

Régulièrement, le trio aperçoit une bagarre, des gens qui s'agitent. Un costume incongru – volaille de pacotille, par exemple – passe dans leur champ de vision, une lueur bleue signale un disparu. Les choses semblent s'accélérer. Par prudence, dès qu'ils détectent un mouvement louche, Selva, Nour et Walid se cachent. Pas toujours évident quand, tout ce qu'il y a sous la main, c'est un arbre dépenaillé. Alors qu'ils se serrent contre un buisson, une grenade explose soudain. Au-dessus de leur tête, un concurrent déguisé en requin palmé passe, arrimé à son deltaplane. Il s'énerve d'avoir raté son coup – clairement, il les ciblait. Mais poursuit sa route sans se retourner. Selva regrette qu'ils forment des proies si visibles.

— Vous n'avez pas d'autres habits ?

— Négatif, se désole Nour.

Certains concurrents sont mieux lotis que d'autres, niveau costume. Comme une inégalité de traitement. Tandis que Selva réfléchit aux moyens de gagner en discrétion, Walid s'est arrêté. Un ruisseau barre le chemin. L'eau coule à torrent, et le courant est infranchissable malgré le gué dont on distingue quelques pierres qui émergent. Derrière eux, les éclairs continuent et la tempête les talonne – il faut continuer d'avancer, toujours. Tous les trois remontent donc le cours de la rivière et distinguent bientôt une sorte de pont couvert, plus en aval.

— Regardez ! les arrête Nour de sa voix nasillarde.

Sur le toit du pont, un étrange squelette maquillé de blanc se livre à un manège saugrenu. C'est une femme, costumée. Elle tourne sur elle-même et scanne l'horizon mais son regard est vide. Seuls les éclairs et le vent qui s'agite au-dessus d'elle semblent la sortir de sa rêverie, comme si elle n'avait d'intérêt que pour les éléments venus d'ailleurs. Dès qu'un drone surgit, elle le suit au bruit et tire pour le faire tomber. Chaque fois, elle rate sa cible et hurle à la mort :

— Ouhhhhhou.

Puis exécute une danse improbable : elle lève les bras et les agite en mouvements saccadés dans l'air, singeant une électrocution. Glaçant.

— Je pense qu'on l'a perdue, essaie de ricaner Walid.

De fait, la femme tire en l'air et à l'aveugle, sans s'arrêter de danser. Comme un pantin désarticulé hors de tout contrôle.

— Tiens, ça c'est pour toi, lance-t-elle à ses ennemis imaginaires. Et encore ça. Voilà, prends ça.

— Mais qu'est-ce qu'elle fait ? s'alarme Nour.

Tandis qu'elle procède à une énième version de sa danse, la femme brandit son pistolet et se tire une balle dans le pied. Elle hurle dans un cri strident. Puis réitère, l'autre pied. Son cri déchire le ciel. Elle recommence et vise cette fois sa main gauche. Quand il ne lui reste plus que la main droite, elle se jette du haut du pont. Et s'écrase lamentablement sur un rocher, juste au bord du torrent.

— On fait quoi ? s'inquiète Walid.

— On y va, fait Selva.

— Mais, et si…

Selva l'arrête du regard.

— On est des humains alors on se soutient !

Prudemment, ils s'approchent de la masse qui gît, à moitié dans l'eau. Elle gémit, elle est vivante ! Nulle trace de son *shield* en revanche, impossible de savoir où elle en est niveau énergie. Courageusement, Selva décide de la sortir de l'eau. La combinaison de la fille est trempée et lui colle de partout. Le tissu moule ses bourrelets et dégorge d'eau. Elle geint de plus belle, son masque recouvre sa bouche et son nez. Selva le lui retire pour l'aider à respirer, le choc ! Elle reconnaît l'une des participantes du séminaire de combat. Souvenir d'une fille très gentille, trop gentille, peut-être. Et dont les yeux s'embuent devant le regard de Selva, posé sur elle. Selva en est toute retournée.

— Je ne veux pas mourir, parvient à articuler la fille-squelette.

— On va t'aider, la rassure Selva. Walid !

Walid accourt.

— Ta boussole, ça donne quoi ?

Walid dégaine. Les aiguilles s'affolent toujours, impossible de s'y fier.

— Tu monterais là-haut sur le toit, pour savoir où on est ?

— Tu me prends pour un acrobate ?

Selva veut déjà s'excuser mais Walid l'arrête :

— Je plaisante. J'adore l'escalade, au collège on m'appelait le ouistiti.

Le voici déjà qui grimpe le long de la paroi de clins du pont, en s'aidant de la gouttière. Une fois sur le toit en zinc, il déambule en imitant la danse macabre – histoire de détendre l'atmosphère.

— Fais gaffe, quand même, le met en garde Selva.

— Une vraie mère, plaisante-t-il.

— Tu vois quelque chose ? demande Nour.

— Une pyramide de tomates !

— Non mais, sérieusement.

— Je suis sérieux, répond Walid. Y a une pyramide, avec une tomate au sommet.

Selva jette un regard à la fille-squelette, dans ses bras. Le rythme de sa respiration ralentit dangereusement, il faut trouver une solution pour la soigner.

— Y a d'autres bâtiments ?

Walid fait oui de la tête.

— C'est gros ?

— Comme une petite ville.

Selva ne sait plus ce que c'est, « une petite ville ». Mais qu'importe, il faut agir :

— Alors redescends. On va essayer.

— Attends, je suis bien, là.

Ravi de surplomber la situation, Walid se remet à danser, mais un drone surgit sans crier garde. Le concurrent à costume de requin a été éliminé, il pendouille mollement et Walid doit faire un pas de côté pour l'éviter. La pluie a mouillé le zinc, Walid dérape du pied gauche et glisse brutalement le long du toit.

— Walid ! hurle sa sœur.

Chapitre 19
Perkins

Habilement, avec Ragnar et Mathilde, nous confectionnons une quarantaine d'épouvantails-soldats. La créativité des costumes sur l'îlot nous autorise du grand n'importe quoi : Blanche-Neige arc-en-ciel, lamastronaute et même pigeon-disco. Je profite de cet atelier costume pour en savoir plus sur le parcours de Ragnar.

— Je t'ai pas vu au séminaire de préparation... je demande.

— Moi non plus, mais je n'ai pas la mémoire des visages.

— La prosopagnosie, ça s'appelle.

— Pardon ?

— La prosopagnosie, c'est la maladie qui empêche de reconnaître les visages.

— T'es un intello, toi, me fait-il, un soupçon de dédain dans la voix.

— Non, non, je me défends. Quand je m'ennuie, j'ouvre le dictionnaire, c'est tout.

— Ça doit te changer, ici.

— Et tu as été promu chef de *squad* ? j'enchaîne.

J'aimerais comprendre la logique du jeu.

— T'en poses beaucoup, des questions. T'es quoi, un espion ?

Ok, sa méfiance revient au galop. Je le rassure.

— J'essaie juste de comprendre, à ma hauteur.

— C'est la guerre. On survit. Point.

— Oui mais vos armes disparues, là.

— Tu poses trop de questions, Perkins.

« On ne se pose jamais trop de questions », ai-je envie de lui rétorquer. Mais son visage s'est refermé et son ton est devenu agressif. Je choisis de m'intéresser plutôt à lui. Flatter l'égo, une stratégie universelle.

— Et avant le jeu, tu faisais quoi ?

Il roule des yeux.

— Bon. C'est la Stasi, là ou quoi ?

Soit, j'arrête. Et je passe le reste de l'après-midi à les aider. On finalise notre armée – je ne suis pas peu fier de mon combo robot-peluche-sauterelle, assemblage de mousse, branches cassées et plaques de métal. Et j'accepte avec joie d'être le premier à prendre mon quart de sommeil réglementaire. Impossible de compter les moutons, je repense à la liste des incohérences depuis que nous avons débarqué :

- ***Bus 1. Ligue des gentils de l'univers***

→ *Explosion inexpliquée. Crash. Dispersion du* squad. *Yuan blessée.*

- ***Squad 2. Les footballeuses et leurs amis***

→ *Disparition inexpliquée (2 barres de vie).*

- ***Bus 2. Demi-*****squad**

→ *Arrêt moteur inexpliqué. Envol du ballon. Crash. Deux éliminés.*

- ***Squad 3. Ragnar et les bras cassés***

→ *Absence d'armes inexpliquée.*

→ *1 Chef + 3 opérateurs. Distinction hiérarchique non justifiée.*

J'aimerais demander à Yuan son avis, mais celle-ci est aux abonnées absentes. Comme partenaire sur qui compter, on fait mieux. Je finis par trouver le sommeil et revoit vite en rêve des images du crash. L'explosion. La jambe de Yuan, justement, en bouillie ! Des cris m'éveillent mais ce ne sont en réalité que des conciliabules. Mini-bribes de voix qui discutent. Je n'ai aucune idée de l'heure qu'il est mais ça chuchote, ça murmure. Je tends l'oreille.

— Moi je le trouve grave sympa.

La voix de Mathilde, je crois.

— Quand il va te trouer la tête, tu comptes lui claquer un bisou ?

— Toutes ses questions, c'est trop louche.

— Il nous a quand même filé un sacré coup de main, ajoute Coro.

— Justement, tempère Ragnar. D'où il nous aide comme ça ?

— En tout cas, s'il n'avait pas été là, ton mur se serait déjà effondré.

Connaissant mon Ragnar, pas sûr qu'il apprécie d'être remis en cause. Il enchaîne :

— C'est lui qui a besoin de nous. Pas l'inverse. Tu vivrais tout seul, toi ?

J'imagine Janroj secouer la tête pour répondre négativement. Ragnar profite de son avantage :

— Et puis, il est où son *squad*, hein ? Qu'est-ce qu'il leur a fait ?

Les voix s'éteignent, comme étouffées. Laisser Yuan vivre sa vie là-haut sur la colline était une erreur, ça me rend suspect. Je regarde autour de moi, j'ai mes armes, mon sac à portée et un vieux planeur est affalé contre le mur. Pas sûr qu'il ait beaucoup de jus mais ça pourrait suffire. Janroj vient me réveiller :

— Faut que tu te lèves, Ragnar veut tenter une sortie.

Allons bon. Ragnar m'attend de pied ferme, comme la première fois. Il me désigne le monticule qui nous fait face – notre poste d'observation du matin :

— Y a du mouvement.

Je dissimule mon émotion. Est-ce que Yuan s'est montrée imprudente ?

— Janroj et Mat vont aller faire un tour, ordonne Ragnar. Y a peut-être moyen de récupérer des armes.

— On change de stratégie ? je demande.

Temporiser pour sauver Yuan, vite.

— Quoi ? Ça t'embête parce que tes copains sont là-haut à nous tendre un guet-apens ?

— Je vais prendre mon tour de garde, je me contente de répondre. Au cas où mes « copains » nous chargent, je vous bipe.

Une fois sur le chemin de ronde, je carbure en voyant Mat et Janroj grimper la colline. Coro et Ragnar sont occupés en bas à déplacer notre armée fantoche. Une ombre se faufile sans prévenir et chuchote :

— Coucou !

Yuan ! Rigolarde, comme toujours, sa capuche ouverte à la manière d'un rideau de théâtre, elle cligne de l'œil et sourit. Quel soulagement ! Je lui referme sa capuche et je dis :

— Cachée !

Ragnar reste hors de vue. Je divulgue les grandes lignes :

— Ça craint, je dis. Je sais plus trop quoi penser. Mathilde et Coro sont cool, Janroj pas méchant, mais j'ai l'impression que...

Elle me coupe :

— Tu sais que la seule arme dont ils disposent, c'est la tienne.

— Et ?

— Ben réfléchis, mon génie.

— Ils veulent me la voler ? Non, ils n'oseraient quand même pas.

Mais je tâte mon sac pour vérifier que mon lance-flammes est toujours là.

— C'est la guerre, Perk, ajoute Yuan. On n'est pas là pour jouer.

— Ces costumes de carnaval, ces décors de cinéma... je m'énerve. Qui peut croire que c'est la guerre ?

— Tu parles tout seul ?

Oups. Ragnar est en bas de l'échelle. Heureusement, Yuan s'est figée. Un pantin...

— Non, c'est mes copains qui me demandent conseil pour leur guet-apens, je rétorque du tac au tac.

Ragnar lève les yeux au ciel, l'air de dire « ça va mieux dans ta tête ». Puis s'éloigne. Yuan reprend vie :

— Tu perds ton temps avec ces tocards.

— Bon écoute, j'attends qu'ils reviennent et je les laisse gérer leur vie.

— Parce que tu crois qu'ils vont te laisser partir ?

— Comment ça ?

— Tu connais leurs plans. Tu sais qu'ils sont quatre, et pas cinquante. Et surtout, tu sais que c'est une bande de pieds nickelés. C'est trop tard, gars. Ils veulent ta peau.

Ragnar m'appelle à nouveau, je fais signe à Yuan de ne plus bouger.

— Ils arrivent, me lance-t-il. Et c'est Noël !

Il me regarde bizarrement, depuis le bas de l'échelle. Est-ce qu'il a entendu Yuan ? Je descends prudemment les barreaux. Sur la colline, Mat et Janroj se pressent de rentrer. Un véritable escadron, au moins quatre armes chacun à la main. Je crois même que Mat a plusieurs pioches accrochées dans le dos. Mais comment ai-je pu passer à côté d'un tel arsenal ? Coro leur ouvre la porte et ils déballent leur trésor. Ragnar me tape violemment derrière l'épaule :

— Et ouais, tes potes t'ont lâché. Fallait pas compter sur eux.

— Je vais vous laisser, je dis.

Ragnar tique direct.

— Pardon ?

— Je vais y aller, je répète. Je vous ai aidés, votre fortin est solide. En plus, maintenant, vous avez des armes. Moi, il faut que je retrouve mon *squad*.

— Pour revenir nous attaquer ensuite ?

— Non.

Son regard est noir, sa tempe barrée d'une veine dilatée. La colère sourde d'un animal à sang-froid, capable de vous sauter dessus à tout moment – comme Selva.

— Les gars, c'est qu'un jeu, je tente.

Ragnar ramasse un pistolet dans le tas et me met en joue, l'air plus que mauvais :

— T'as raison, alors on joue ?

— Baisse cette arme s'il te plaît, je dis.

— Ben quoi, s'amuse-t-il en me caressant le front de son révolver. C'est qu'un jeu.

— Arrête, fait Mathilde, il nous a aidés.

La veine de Ragnar semble battre une fraction de seconde. Il vise Mathilde et tire sans sommation, elle s'effondre. Sidération. Sans réfléchir, j'attrape la première pioche qui passe et je dégomme la paroi de bois, qui s'écroule. Yuan déboule de nulle part, elle s'empare de mon lance-flammes et dessine un arc de cercle pour calmer tout le monde. Le pied coincé sous un rondin, Ragnar jette un regard à Janroj. Celui-ci m'attrape le bras mais Yuan lui enfonce ses doigts dans les yeux. Terreur de son orbite qui explose, j'en profite pour balancer un coup de boule à Coro – pas le choix, désolé. On s'échappe déjà par derrière en évitant de justesse un drone – quelqu'un a été éliminé.

— Par-là ! Il est parti par-là !

C'est la voix de Ragnar. Coro nous suit déjà, des balles sifflent. Je me précipite dans la réserve et prie pour que le deltaplane démarre. Je déclipse le truc, un poulet jaune géant un peu flapi – pour la discrétion, on repassera.

— Accroche-toi ! je fais à Yuan.

Elle m'enserre les épaules. Je cours et m'élance pardessus les barrières tandis que les balles continuent de nous frôler.

Chapitre 20
Selva

Walid se rattrape de justesse à la gouttière et parvient *in extremis* à amortir sa chute. Prudemment, il descend le long de la paroi tandis que Selva et Nour se précipitent.

— Tout va bien ?

— Je me suis bien gaufré, plaisante-t-il.

— Quelle idée, aussi, de danser là-dessus.

Selva est fâchée, elle a eu très peur. Walid lui fait un clin d'œil.

— Et bah, tu m'as pas trouvé magique, en cascadeur ? C'est un hommage à mon costume.

— C'est malin.

Selva a trouvé Walid très gracile, là-haut. Elle doit l'admettre.

— Et là, tu peux marcher ?

— Oui, oui, la rassure-t-il. Bon, on y va, voir votre ville, là.

Selva acquiesce.

— Et ta copine ? chuchote-t-il.

Nour désigne une pile du pont. Pendant que Walid était sur le toit, elles ont allongé la fille et l'ont recouverte de feuilles, pour la cacher, le temps de chercher du secours. Walid veut faire son malin et ouvre la marche, mais il grimace chaque fois qu'il pose le pied gauche au sol. Au bout de quelques centaines de mètres, il est évident que sa chute a eu de graves conséquences.

— Tu veux t'arrêter ? finit par lui demander Selva.

— Ben non, pourquoi ? ment Walid.

Selva attend, les bras croisés.

— Mais ça va, je te dis, allez, on avance.

Sauf que ses yeux sont rouges. Et quand il faut escalader un monticule qui se dresse entre eux et la ville aux pyramides de tomates, Walid est carrément obligé de grimper accroupi, à revers de la pente, incapable d'incliner vraiment son pied vers l'avant.

— Bon allez, ça suffit, fais voir, s'impatiente Selva.

— Mais ça va, je te dis.

Walid est comme un gosse qui s'apprête à bouder. Sa lèvre tremble, il fatigue et semble au bord d'éclater en sanglots. De sa voix la plus douce, Selva lui chuchote à l'oreille :

— Ça nous ralentit, Walid.

Elle recule légèrement son visage et le regarde droit dans les yeux. Walid encaisse l'information, puis opine faiblement. Selva continue :

— Si tu ne veux pas risquer la vie de ta sœur, d'abord faut m'écouter. Toi, moi, Nour, on est une équipe. Une vraie de vraie.

Ces paroles confiantes percutent Walid, qui accepte d'étendre sa jambe. Tandis que Nour monte la garde, Selva défait ses lacets, et retire délicatement sa chaussure en tentant de bouger son pied le moins possible. Elle pose l'oreille contre sa cheville.

— Tu es diplômée de la Croix-Rouge, en fait ? s'efforce de plaisanter Walid.

— J'ai eu une entorse, une fois, lui explique Selva. Sans personne pour me soigner mon bobo. Alors j'ai écouté mon corps.

— Et ça a marché ? demande-t-il tandis qu'elle déroule doucement sa chaussette.

— Non, on m'a amputé des deux jambes ! s'amuse-t-elle.

Walid sourit. Mais il se fige à la vue de sa cheville. Celle-ci a doublé de volume et des marques violacées balafrent la peau... La blessure n'a rien d'une petite entorse.

— Putain, je suis vraiment trop con, fait-il les larmes aux yeux.

— Allez. On va te porter, et on verra plus tard.

— Non mais arrête, vous n'avez qu'à me laisser là, dans un coin, et vous reviendrez me chercher. Comme ta copine.

Selva regarde Walid droit dans les yeux. Il ne plaisante pas. Elle se retourne vers la tempête. Difficile de dire à quelle vitesse celle-ci avance mais ça semble rapide. Elle replonge son regard dans les beaux yeux noisette de Walid, ravale sa salive puis lâche :

— On retourne pas la chercher, ma « copine ». C'est trop dangereux.

Walid tombe des nues :

— Tu lui as dit ?

— Non.

— Mais c'est...

— Inhumain ? s'agace Selva.

— Non, j'ai pas dit ça.

— Elle est dans son monde, tu sais. Nous on sauve les vivants. Ceux qui comprennent.

Les yeux de Selva brillent. Walid opine du chef mais son sourire se voile :

— Sauver les vivants, c'est aussi vous sauver, vous, tu sais.

Selva réfléchit. Cacher Walid et revenir le chercher ? Trop risqué. Non, il faut le porter, tant pis si ça les ralentit.

— Nour ?

Nour est pâle comme jamais. Elle a peur de ce que Selva va lui annoncer.

— Trouve du bois, du carton, n'importe quoi de costaud, ok ?

Le visage de Nour s'éclaire. Elle s'élance le long de la butte. En l'attendant, Selva masse doucement le mollet de Walid.

— Il faut faire circuler le sang, elle précise.

Elle l'enveloppe d'un peu de gaze qu'elle a pris soin de garder dans son sac. Nour revient bientôt, des cagettes à la main et un air désolé sur le visage.

— C'est tout ce que j'ai trouvé.

— Ça fera l'affaire, la rassure Selva.

Patiemment, Selva découpe de la pointe de sa hache les renforts de cuir qui lui serrent la jambe puis les divise dans le sens de la longueur. Elle défait ensuite le lacet dans ses cheveux et confectionne une attelle de fortune.

— Ça va, ça comprime pas trop ? demande-t-elle à Walid en attachant le tout scrupuleusement.

— Non, c'est bien.

— T'es sûr, hein ? Pas la peine de faire genre, et qu'après ce soit tout gonflé comme une brioche.

— C'est bon, la rassure Walid.

Selva lui touche le pied. Celui-ci est très chaud, il va falloir faire avec.

— Ok. Lève-toi, pour voir.

Walid s'appuie sur l'épaule de sa sœur. Avec précaution, il pose son pied au sol, fait un pas, puis deux.

— Je crois que c'est bien. J'ai moins mal.

— Ça va soulager ton pied, explique Selva. C'est pas pour toujours, mais ça devrait te permettre de marcher.

Nour semble rassurée.

— On y va ?

— On y va.

Walid fait tout ce qu'il peut pour ne pas ralentir le rythme. Les filles ouvrent cette fois la marche, balaient l'horizon afin d'éviter les rencontres malvenues. Après plusieurs pauses et ce qui semble à Selva un temps infini, ils parviennent en ville. Sorte de vestige antique étrange, temple inca surmonté d'une tête de tomate.

Improbable. Dans les faubourgs, un stand à burgers patiente inutilement. Nour s'avance déjà :

— T'es folle, la tempère Selva. On meurt tous de faim, c'est le premier endroit qui donne envie.

— Ben alors quoi ? lui répond Nour, toute penaude.

Selva scanne les lieux. L'endroit regorge de recoins, des escaliers mènent à des sous-sols souterrains. Ils devraient réussir à trouver de quoi se ravitailler. Elle leur fait signe d'attendre et s'avance vers un camping-car abandonné, à moitié couché le long d'un mur de pierres. Elle ouvre la porte, l'intérieur dégage une odeur de moquette vieillie, mais ça fera l'affaire. Elle revient vers Nour et Walid.

— On va t'installer dans la capucine.

— La capucine ?

— La couchette, au-dessus du conducteur ? C'est comme ça que ça s'appelle.

Walid boitille jusqu'au camping-car, et les filles le hissent péniblement sur la banquette supérieure.

— Y a pas intérêt à être agoraphobe, parvient-il à plaisanter.

— C'est claustrophobe, qu'on dit, rétorque Nour d'un air blasé.

Walid hausse les épaules.

— On farfouille et on revient.

— T'inquiète, je ferai gaffe. À tout à l'heure.

Méticuleusement, Nour et Selva explorent chaque placard, chaque recoin du hameau. Mais tout a été ratissé. Aucun vivre, ni arme... et encore moins de ventoline.

— Bon, fait Selva, dépitée, on retourne au camping-car ?

— Attends, c'est quoi, là-bas ? se hasarde Nour.

Une sorte de rectangle profile en effet sa silhouette à l'horizon. Toutes deux se regardent, l'air entendu :

— Bon, ton frère, il dort, de toute façon.

— Je crois que oui.

— Alors on est parties, ma kiki.

Walid attendra. À mesure qu'elles avancent, le rectangle grandit. Selva se demande bien ce que ça peut être. Elles restent sur leurs gardes mais ne croisent personne. Arrivées enfin sur place, la déception est grande. Un écran géant ! Le rectangle intrigant n'est rien d'autre qu'un vulgaire écran de cinéma, posé au milieu de nulle part et bordé de voitures abandonnées. Selva n'en peut plus de ces décors de pacotille. Et Nour aussi.

— C'est ça, leur fin du monde ? peste cette dernière. Nous faire revenir en arrière. Merci du cadeau.

— Pourquoi tu dis ça ?

— Ben, l'écran, les bagnoles, là : on se croirait dans un vieux film de darons...

Les bâtiments alentour n'ont aucun intérêt et les filles pressent le pas pour rejoindre Walid. Quel détour inutile ! Le vent souffle de face, elles peinent beaucoup plus qu'à l'aller. Et Selva ne veut pas fatiguer Nour, en tirant trop sur ses poumons. À l'approche du village tomate, elles distinguent un escadron de quatre soldats qui avance en file indienne. Deux d'entre eux ont le visage couvert d'un foulard, comme parés contre une tempête de sable. Et les deux qui suivent auraient leur place en plein cœur du désert.

— On fait quoi ? murmure Nour.

Selva aimerait bien le savoir...

Chapitre 21
Perkins

On décolle ! Le poulet n'a que la moitié de ses plumes, sa crête est émiettée et son moteur broute un peu mais nous fendons les airs malgré tout. En bas, Coro agite les bras. Elle vient de comprendre que nous tirer dessus était inutile. Le pied coincé, Ragnar la maudit de m'avoir raté. Alors que tout est de sa faute.

Je souffle. Douce sensation de l'air frais qui fouette mon visage. Yuan est repartie en mode blague :

— *Cot Cot Cot.* Tu vois qu'il y a des animaux sur l'île.

Elle fait référence à notre planeur en forme de poule, qui semble tout droit sortie d'un dessin animé.

— Tu crois que les mouettes que j'ai vues, c'étaient aussi des planeurs ? je fais.

Pour toute réponse, elle imite le cri du canard enroué. Comme si elle était capable de formuler une réponse sensée... Je ne sais plus quoi penser. Vu d'en haut, l'îlot est complètement irréel. Comme posé hors sol, hors océan, hors tout. Certes, on devine d'autres côtes, des pics enneigés, des récifs coralliens. Il y a même des icebergs qui dérivent au milieu de l'eau ! Mais tout est faux, c'est évident. Aucune perspective, pas de volume. La lumière bleutée de la tempête n'explique pas tout. Tout ceci n'est qu'un décor. Même à l'œil nu, la distance est diffractée, les teintes ne répondent à aucune logique de soleil, de lune, d'ombre ou de lumière.

— On dirait un puzzle 1 500 pièces, ricane Yuan.

Dans sa logique, les 3 000 pièces sont réservés aux bateaux sur coucher de soleil. Je prends de l'altitude pour éviter qu'on nous repère d'en bas, mais une force irrésistible m'empêche d'aller aussi haut que je le voudrais. Inévitablement, le delta se heurte à une poche d'air chaud, comme s'il butait contre une membrane invisible. J'arrête de m'épuiser et je me concentre sur le paysage. Au centre de l'île, l'aberration géologique du lac me saute aux yeux.

— Un ruisseau jaillit toujours de terre, puis coule selon la pente pour rejoindre la mer, j'explique à Yuan.

Elle baille bruyamment.

— Ou alors, au bénéfice d'une dépression dans le sol, d'une couche imperméable d'argile, par exemple, il s'étend pour former un étang, un lac.

Alors que, d'où qu'on regarde, le ruisseau coule à la fois *depuis* la mer et *vers* la mer. C'est physiquement impossible.

— Tu crois que des pompes alimentent le circuit ? je demande.

Yuan dort. J'hallucine mais, bêtement, ça me fait rire. Tout ceci n'a aucun sens. De la neige par endroits, le désert ailleurs. Des usines au milieu de rien, des fermes près des villes... Comme un gigantesque chamboule-tout. Çà et là, on distingue un peu de fumée... Si tous les bus se sont crashés, qui sait combien de participants restent réellement ?

— Tout le monde est mort, me murmure Yuan.

Je veux croire pourtant que Selva et Mickey se cachent, se défendent, attaquent. À divaguer, nous nous sommes rapprochés de la tempête, figée au nord-ouest. Ça commence à secouer sérieusement.

— Attrape mes hanches, je dis à Yuan.

Je plonge à bâbord pour attraper un courant ascendant. Je crois gérer mais le vent s'inverse subitement, et voici qu'une mini tornade se forme à une dizaine de mètres. La vache ! Je croyais la tempête stationnaire, c'est en réalité une déferlante d'énergies contraires incontrôlables ! J'ai de plus en plus de mal à tenir mon cap et le planeur est comme aspiré. Je dégaine le lance-flammes en catastrophe et le propulse au maximum : un jet de feu nous éloigne de quelques mètres mais je nous sens attirés à nouveau. J'augmente le débit.

— Attention, ça va remuer ! je préviens Yuan.

Je presse comme un malade sur la gâchette. Un jet immense jaillit et j'oblique la voile.

— Allez... je glisse entre mes dents pour encourager le delta.

Un nouveau coup de vent nous déstabilise mais je tiens bon et on réussit à descendre en piqué – la vitesse nous évite d'être entraînés. Plus bas, le vent se calme et le planeur se stabilise. Ouf, on est tirés d'affaire. Mais impossible de sortir de l'îlot par les airs, donc. Je croise les doigts pour que la tempête reste immobile, sinon je ne réponds plus de rien. En contrebas, le long de la côte, une voiturette de golf file à toute allure. Quatre combattants intrépides (ou inconscients ?) ont eu la même idée que moi et ont décidé de s'y frotter. Une fois sous le vent, ils comprennent leur douleur et tentent d'en réchapper, mais la tempête les ramène en arrière – la voiturette est hors de contrôle. Ils sortent du véhicule en catastrophe et s'abritent pour échapper aux débris qui tournoient. Pathétique, une sorte de torero macabre tente de tirer pour se défendre, mais ses balles – des roquettes grosses comme mon poing – sont aspirées par le tourbillon, valdinguent dans tous les sens et reviennent en boomerang. L'une d'elles explose le pied d'une de ses camarades, que son casque d'infirmière ne réussit pas à protéger. Furieux d'avoir blessé son *squad*, il vide le chargeur de son pistolet contre le vent. J'ai l'impression de me voir enfant, à vouloir vainement sauver mon château et vider la mer de mon seau tandis que la marée monte.

Je voudrais leur crier « Fuyez, abritez-vous ! » mais leurs compagnons d'infortune, deux créatures fantomatiques aux yeux et cheveux bleu perçant s'y mettent à leur tour et défient la tempête à coups de mitraillettes. Je suis sidéré par cette scène insensée, parfaite illustration de la folie des hommes.

— Alors il te plaît, ton jeu ? me souffle Yuan dans l'oreille.

« Pourquoi tu dis, *mon* jeu ? » ai-je envie de lui demander.

Mais une énième bourrasque nous déséquilibre et je me concentre sur le deltaplane pour fuir et retourner nous poser en douceur, à l'est.

Chapitre 22
Selva

Leurs visages cagoulés n'augurent rien de bon quant aux intentions des quatre membres du *squad* du désert...

— Ils ne nous ont pas vues, espère Selva.

— Oui mais si...

Selva l'arrête d'un geste. Respire. Inspire. Expire.

— On va se cacher dans le fossé.

— La petite butte, là ?

— Oui.

— Ok, je te suis.

Furtivement, les filles s'avancent tout en armant discrètement leurs fusils. Le *squad* du désert s'approche à la queue leu leu.

— T'es sûre de la direction ? demande le premier.

On distingue mal sa voix à cause du foulard.

— Certaine, répond l'autre fille, à la tenue proche de celle de Selva.

— Ok.

— Bon, les gars, prévient celui qui ferme la marche. Je me fais une pause-pipi.

— Maintenant ?

— Ben ouais, maintenant.

— Mais t'as déjà été il y a dix minutes.

— Et ben c'est comme ça. La fin du monde attendra.

Ça les fait rire. Selva fait signe à Nour, couchée à un mètre dans le fossé : ne bouge pas, surtout. La tête enfouie dans l'herbe, elles sentent une ombre approcher.

— Eh, les gars, venez voir ! fait-il soudain.

Pas question de réfléchir, Selva dégaine et tire sur le promeneur. Nour bondit à son tour et vise un autre qui s'avance, une hache à la main. Sans se concerter, toutes les deux vident leurs chargeurs sur le *squad* de quatre. En dix secondes, c'est réglé – l'effet de surprise a joué pour elles. Les quatre corps sont à terre, leurs badges clignotent pour signaler le vide d'énergie. Selva et Nour guettent le drone, mais une faille s'ouvre dans le ciel.

— C'est. Quoi. Ce. Délire ? lance Selva, estomaquée.

Les quatre corps sont avalés par la fissure. Ils disparaissent et la membrane se referme. Nour est sidérée :

— T'as vu comme moi ?

Selva acquiesce.

— Donc y a plus de drones.

— Je sais pas. Peut-être qu'à plusieurs, c'est ça le système.

— Franchement, je ne comprends plus rien, confesse Nour.

Selva non plus. Mais y a-t-il seulement quelque chose à comprendre ?

— C'est quoi ton numéro ? demande soudain Selva.

— 06.

— Moi 03.

Nour marque un temps.

— Tu crois qu'ils avaient raison dans la grotte ? Je veux dire, ces numéros, ça signifie quelque chose ?

— Aucune idée.

— Bon, allez, on réfléchira plus tard.

Elles se dépêchent de rejoindre Walid. Au village, les flammes dans les chaudrons se sont éteintes. Comme si l'air se raréfiait, que tout devenait de plus en plus crépusculaire. Devant le camping-car, une sorte de Frankenstein est agrippé à la porte et secoue en tous sens le véhicule pour tenter d'y pénétrer. Nour n'hésite pas une seconde, elle le met en joue :

— Bouge pas, Dugenou !

Sous son masque verdâtre, Frankenstein est apeuré, une douleur indicible dans le regard. Il s'avance vers elle, poitrine ouverte en grognant :

— Tue-moi !

— Arrête, je vais le faire, tu sais.

— Tue-moi, s'il vous plaît, tue-moi !

Nour tremble, Selva hésite elle aussi. Avant même qu'elles aient le temps de réagir, le combattant arrache l'arme des mains de Nour, la retourne vers lui et tire en plein cœur ! Nour sursaute, terrifiée. Le corps est à terre, son badge s'éclaire et envoie un signal. Selva se dépêche de récupérer l'arme avant qu'un drone l'emporte. Nour se précipite dans le camping-car puis crie, très fort :

— WALIIIIIID !

Selva se précipite, le badge et l'arme en main. Nour explose la porte :

— C'est Walid. Il a disparu.

Chapitre 23
Mickey

C'est la nuit. Le bus vole calmement quand, soudain, une explosion retentit. En levant les yeux, Mickey voit la carlingue qui s'enflamme, l'enveloppe de la montgolfière qui embrase le ciel. Et tandis qu'un nuage de fumée épaisse envahit l'atmosphère, le bus explose en percutant le sol, dispersant à tous vents les restes de Yuan, de Perkins et de Selva....

Mickey s'éveille en sursaut, il est en nage.

Selva n'a pas résisté, il en est convaincu. Inapte aux armes. Incapable d'appréhender une situation complexe ou de se dépatouiller dans un environnement urbain : Mickey ne donne pas cher de sa peau. Pour Perkins, en revanche, tout espoir n'est pas perdu. Souleymane lui-même a dit que le gars rencontré avait l'air d'avoir la tête sur les épaules. Quelle idée, aussi, de ne pas avoir sauté tous ensemble. Ils auraient dû l'écouter. Il était la voie à suivre. Mickey regarde les corps allongés de Souleymane et de Grud, à ses côtés. Eux le suivront, il les sauvera malgré tout, il en est sûr. La Base ne répond pas, il n'y a donc plus de règles. À lui d'inventer les siennes.

À l'aube, Mickey réveille ses troupes en les frôlant doucement :

— J'ai décidé qu'on mettait les voiles.

— Comment ça ? Mais, et nos barricades ? geint Souleymane.

— Ton site, c'est la *loose*, ça manque d'eau, prévient Mickey.

Grud tique.

— Attends, tu veux dire qu'on s'est cassé la nénette pour rien ?

— Non, pas pour rien. Ça nous a protégés cette nuit. Comme un petit entraînement. Mais pour la suite, il faut voir maousse costaud. Plus solide.

Maryse souffle à son tour. Mickey ne se laisse pas démonter :

— C'est pour votre bien.

Mickey étale la carte sous leurs yeux.

— L'eau douce, explique-t-il. Il faut absolument y avoir accès.

— Donc tu suggères le lac ? devine Souleymane.

Mickey lui sourit. Ce garçon a vraiment tout pour lui. Sauf sa voix, bien sûr.

— Mais tout le monde va avoir la même idée ! conteste Grud.

— Ils sont *downtown*, ils voient à court terme, là, comme des bouffons, à chouraver trois bouts de fioles… Moi, je vois plus loin.

— *Wesh*, c'est-à-dire ? se moque gentiment Grud.

— Une fois la ville détruite et saccagée, c'est au pied du lac que ça va se passer. Si on y installe nos bases, on a l'avantage.

Mickey sent leurs regards dubitatifs. Ça l'énerve :

— Je vous rappelle de quel merdier je vous ai évacués ? Confiance…

Grud s'agace : qu'est-ce que c'est encore que ce bonhomme qui se la joue protecteur ? Maryse lui fait signe de ne pas insister. Souleymane s'approche et fait le geste. Puis tous les quatre se dépêchent de remballer pour se mettre en route. Tandis qu'ils cheminent difficilement sur une montagne à la pente relativement raide, Grud cogite :

— Mais d'où tu as une carte aussi détaillée, en fait ?

Mickey sent le coup venir. Un Contrôleur F. sait mentir, en toute occasion.

— C'était la teuf, dans le bus ?

— Grave on a dansé, s'amuse Maryse. La musique était trop bien, c'était du pur son.

— Toi aussi Grud, non ?

Elle fait oui de la tête.

— Moi j'ai fouillé. Prospectif. Long terme. Décision. La différence entre l'homme et l'animal. Simple. Basique.

— C'est-à-dire ?

Mickey désigne un chêne qui domine la colline.

— Un macaque veut atteindre une banane là-haut, qu'est-ce qu'il fait ?

— Il s'achète des lunettes ! ironise Grud. S'il confond un chêne avec un bananier...

Mickey pourrait la gifler, direct. Il inspire pour garder son calme :

— Imagine, il trouve un bâton qui lui permette d'atteindre la branche d'en bas.

— C'est le Prix Nobel, ton singe.

— Bref. Il attrape la banane. Balance l'outil. Puis repart.

Bravache, Grud se met à imiter un chimpanzé, histoire d'en finir avec cette histoire. Mais Mickey continue son exposé, impassible :

— L'homme prospectif, lui, garde l'outil. Pour une prochaine fois.

Grud voudrait demander « et donc ? » Mais Mickey s'est immobilisé, il la regarde, hautain, et annonce :

— Confiance...

Grud hésite mais se résigne à réaliser le geste. Qui sait ce dont il est capable, sinon. Son odeur de sueur et d'humus mêlés la répugne. Chacun leur tour, ils s'adonnent à leur gestuelle de loyauté. Mickey sent leur corps jeunes et vigoureux contre lui. Comme un baume au cœur. Sentiment de se constituer une famille. En escadron serré, ils se remettent en marche. À quelques mètres du sommet, un combattant sorti de nulle part leur fonce dessus – tête de dragon aux yeux verts, pioche en forme de boule à facettes. Grud prend les devants, et l'abat froidement.

— Je le sentais pas, celui-là, ricane-t-elle.

Maryse en est pantoise d'admiration. Un drone surgit et emporte le corps – ils ont tout juste le temps de récupérer son sac et ses armes. Du haut de la colline, la vue sur l'île est splendide. Le lac miroite d'une lumière violette et ses rives sont vierges – aucun combattant ne semble s'y être installé. Ils seront tranquilles. Sur leur droite, en revanche, la ville dresse ses tours et son horloge aux aiguilles suspendues. Quelques coups de feu retentissent, signe qu'on s'y bat pour se disputer les ressources.

***Guide du* Top Leadership**

Enseignement n° 49.

Obliger au combat / Motiver les troupes

→ Restreindre le terrain de jeu.

Mickey sait ce qui les attend. Des territoires impraticables. Tout le monde sur un même périmètre pour que, très vite, il n'y ait plus assez pour tout le monde. Soit exactement ce qui se passerait en cas d'inversion des pôles.

Il leur faut accélérer avant que tout dégénère.

Chapitre 24
Perkins

Yuan s'est endormie à peine le deltaplane posé au pied d'un massif de bouleaux. Étrangement, le vent nous a portés à l'inverse du sens logique sitôt la rivière franchie. Comme si celle-ci constituait une barrière magnétique qui change la donne selon le côté où l'on se trouve. À l'ouest, les villes, les rues, les boutiques. J'ai aperçu d'autres silhouettes, j'en soupçonne certains de piller ou de se constituer des stocks de munitions. Les combattants de la voiturette ont disparu dans la tempête. Les décors, les costumes sonnent faux mais leur souffrance paraissait bien réelle. Terrible.

Ici, les choses semblent plus calmes. J'ai jeté mon dévolu sur une sorte de bois à flanc de falaise – des feuillus épais, des racines dignes d'un film de Disney ou d'un conte des frères Grimm. Selva, ça veut dire « forêt ». Elle est proche de la nature, une authentique âme sauvage. J'espère la retrouver. Tandis que je m'enfonce dans les bois, je me rends compte toutefois que je ne suis pas le seul à avoir eu l'idée. L'endroit est peuplé de combattants plus ou moins loufoques. Plaqués contre un hêtre, on voit ainsi passer une fille en jogging fluo, qui sautille d'arbre en arbre en gémissant, avant d'enlacer chaque tronc en l'appelant par son prénom :

— Coucou Basile.

Puis de courir à nouveau vers un sapin :

— Ah, enfin, Fatou, c'est toi !

Et ainsi de suite, en variant chaque fois les prénoms. Désarmée, elle se contente de manger de l'écorce de temps à autre, puis de la recracher en criant :

— Méchant Basile.

Ou encore :

— Pas bon, Fatou, pas sympa.

— Houlà... elle a l'air bien attaquée, celle-là... ricane Yuan.

Est-ce qu'elle aussi a égaré son *squad* ? Pas le temps de lui demander : alors qu'elle tente un énième câlin à un buisson, un Robocop à béret vert surgit du talus. Elle l'aperçoit, scotche un instant et s'avance vers lui, un sourire de folle accroché aux lèvres, en couinant :

— Maman !

Pas le genre à prendre des gants, Robocop lui tire dessus à quatre reprises. Sans un regard pour elle, il continue d'avancer tel un loup en chasse. Je suis abasourdi. Deux options. Soit l'abattre. À titre préventif, disons. Soit le suivre, pour comprendre sa logique. Mais contre toute attente, il se met subitement à casser des branchages, arracher des feuilles pour se les coincer sous la ceinture, derrière son casque ou aux chevilles. Clairement, il vient de trouver ce qu'il cherche. Un chêne massif à l'écart du chemin. Il s'arrête et creuse avec sa pioche en arc de cercle. Plus ça va, plus la fille qui parlait aux arbres me paraît finalement saine d'esprit car lui ahane sans fin, creusant toujours, jusqu'à atteindre une profondeur d'un mètre.

— Euh, il se met tout nu, là, ricane Yuan.

En effet, le gars enlève un à un ses vêtements. D'abord les feuilles fixées par des sangles, qu'il dépose au fond du trou. Puis son sac, son béret. D'aspect, on l'aurait cru surpuissant, mais c'est en réalité un freluquet d'un certain âge, aux tempes grisonnantes. Tout est dans le costume ! Il finit nu comme un ver, étale patiemment quelques branches puis ses vêtements avant de se glisser au fond du trou.

— Il se protège, tu crois ? je demande à Yuan.

— Il s'enterre, plutôt.

Le gars est en train de s'auto-ensevelir, comme un vulgaire tas de compost !

— Faut l'arrêter, c'est ridicule, enfin, c'est un jeu !

— Il n'y a plus que toi pour croire que c'est un jeu, me rétorque Yuan, sèchement.

Ma gorge se serre. Je ne crois plus rien, en fait. Deux options. Soit l'aider. Soit partir. Yuan décide pour moi :

— Si c'est un jeu, son drone viendra le chercher en temps et en heure.

Ok. Option 2. Je ne peux pas à la fois survivre, chercher mon *squad* et prendre sous mon aile tous ceux qui perdent pied. À mesure que nous plongeons dans les bois, naviguant entre les racines, les ronces et les fougères, je m'en veux quand même d'avoir cédé si finalement. Et si nous faisions nous aussi partie de ces égarés, pour qui plus rien ne fait sens ? Vais-je finir composté sous les feuilles, sans personne pour me sauver ? Les arbres se referment sur nous et nous protègent de la lumière bleutée, que je devine au-dessus de la canopée. Comme si notre monde rétrécissait à vue d'œil.

— On ne joue pas impunément à se faire peur, me souffle Yuan d'une voix lugubre.

Je m'arrête, surpris par la silhouette crépusculaire d'un hêtre. J'ai peur. Oui, c'est ça. Pour la première fois, j'ai peur de ce qui va nous arriver. De ne jamais retrouver Mickey, ni Selva. J'ai peur même que Yuan n'existe pas, sauf dans ma tête. Je voudrais m'accroupir, rester là et ne plus bouger. Attendre que mon énergie me quitte pour qu'un drone m'emmène moi aussi. J'attends mais un bruit familier me titille. Une sensation spéciale dans l'air.

— Les embruns ! je murmure.

Ce bruit, c'est celui des vagues et du ressac. J'attrape Yuan par la main et je me mets à courir, loin de l'ombre du hêtre. Nous débouchons bientôt en plein vent, sur une falaise à pic. La forêt s'arrête brutalement, comme si un tremblement de terre avait mangé la montagne. Partout, autour de nous, les mêmes îles factices étendent leur toile en trompe-l'œil. Je pourrais sauter pour les rejoindre à la nage. Mais le liseré bleu qui cerne l'îlot préfigure une nouvelle poche de résistance, semblable à la membrane croisée dans les airs. Toute fuite est impossible. La mer et le vent du large me fouettent les joues, une pluie fine me cingle le front. Depuis combien de temps n'avais-je pas vraiment vu l'océan, le vrai ? Comme si tout un pan de ma mémoire s'était effacé.

— Saute ! me crie une voix.

Yuan ? Elle a disparu, sans que je m'en rende compte, occupé à contempler les flots.

— Saute !

La même voix, qui ricane, cette fois. Je cherche du regard, et je la vois. À la lisière de la forêt, un arbre décharné, sans feuilles, est surplombé d'une sorte de nid d'aigle en équilibre, assemblage de branches incertaines. Une touffe rose dépasse, puis un bras. Un oiseau ? Non, une femme, qui porte à bout de bras non pas des œufs mais des grenades !

Vite, je me poste à couvert sous l'arbre. De là où je suis, pas moyen de lui tirer dessus, l'angle est trop serré pour mes roquettes. Mais impossible aussi de me prendre une grenade – l'épaisseur des branches rend la manœuvre périlleuse. Je réfléchis : si je repars, elle va me lancer ses grenades, une percée semble difficile. Je prends les devants et j'arrose de flammes la cavité creusée dans le tronc de l'arbre. L'écorce mouillée s'embrase mollement mais j'agite mon sac pour activer la fumée. Trente secondes plus tard, j'entends tousser. Une grenade file au-dessus de ma tête et souffle un bord de falaise. Puis une autre, un pan entier de terre s'effondre cette fois en contrebas. Il doit rester quatre mètres maximum entre les racines de l'arbre et le précipice. Il ne faudrait pas que la sorcière-cigogne ait trop d'œufs à balancer. J'attise les flammes, je veux qu'elle descende. Si elle reste là-haut, à jeter ses grenades, elle va grignoter le terrain jusqu'à nous précipiter elle, son arbre et moi dans le vide. Enfin, l'épaisseur de fumée devient intenable. La sorcière tousse sans cesse, je lui crie :

— Descendez, s'il vous plaît.

J'attends. Puis enfin une silhouette traverse la fumée. C'est elle, qui s'accroche comme elle peut aux branches. Je dégaine mon révolver et la tient en joue. Elle me regarde, l'œil vif. Impression désagréable de ne jamais savoir qui j'ai en face de moi. Si ça se trouve, cette *party girl* hirsute en bas résille est une mère de famille convenable dans le civil.

— C'est bon, fait-elle en sautant à pieds joints sur la mousse. Si on peut plus rigoler.

Sa voix est ricaneuse, un peu grinçante. Je lui lance un bout de corde.

— Attachez-vous les pieds, si ça ne vous ennuie pas.

Elle s'exécute. Puis à mon tour, je lui ligote solidement les poignets. Me voici donc avec une prisonnière. Un peu goguenarde, pas bien sûre de ce que je compte lui faire.

— Est-ce que vous auriez vu passer une jeune fille, en tenue de camouflage ?

— Pourquoi ? C'est ton kif, les militaires ?

— C'est une amie, je bredouille.

Elle hausse les sourcils. J'imagine que ça veut dire non.

— Et un gars blond ? Coiffure mode balayage, jogging nylon bleu ciel. Non, turquoise, en fait.

Ou était-ce violet ? Je ne suis même pas capable de décrire Mickey.

— Il a une moustache, j'ajoute, tout fier de m'en souvenir.

Même sourire narquois de sa part :

— Ah oui, ça, j'ai vu.

— C'est vrai ? je fais, surexcité.

— À la télé, dans les années 1980, elle ricane. Et puis dans certains bars...

Ok, elle se fiche de moi sur toute la ligne.

— Écoute, mon grand, elle poursuit, profitant de mon air déçu. On ne se connaît pas mais je t'aime bien.

C'est bizarre, mais ça me fait plaisir à entendre.

— Donc ton gars, là, ta fille, bref, tes copains, je sais pas où ils sont. En revanche, ce que je peux te dire, c'est que moi je ne te veux pas de mal.

— Et les grenades ?

— Oui, bon, désolée. C'était pour rire. Je m'ennuyais.

— Drôle de façon de se divertir.

Un drone passe entre nous, un yéti inerte sous le capot. Je sursaute.

— Tout ce que je veux, c'est profiter de la mer en attendant la fin, poursuit-elle.

— Mais tu ne veux donc pas vivre ?

Elle me regarde droit dans les yeux, comme si j'avais dit un truc complètement fou.

— Tu les as croisés, les autres ?

J'acquiesce.

— Vivre dans la peur, non merci, finit-elle. Et puis, la tempête nous aura tous.

Soudain, son expression change du tout au tout. Elle profère, d'une voix lugubre et théâtrale de tragédienne, des trémolos dans la voix :

— Les montagnes, les forêts et l'océan. Tout disparaîtra. Tout s'effacera !

Me revient alors comme un flash cet extrait de roman.

« Tout s'effacera en une seconde.
Ce sera le silence et aucun mot pour le dire. »[1]

Et sans que je contrôle quoi que ce soit, je sens les larmes qui coulent, je respire plus fort mais ça ne fait qu'empirer, la tristesse m'assaille, comme si ce texte

---

1. Extrait du roman *Les Années*, d'Annie Ernaux.

réveillait en moi un souvenir disparu. Je repense aux dernières pages du livre.

« Sauver quelque chose du temps
où l'on ne sera plus jamais ».

Je refuse cette fin. Je ne veux pas devenir comme Ragnar, incapable de faire confiance. Sans réfléchir, je commence à défaire les liens de la « sorcière ».

— Mais qu'est-ce que tu fais ?

— Je te libère.

Je ne veux pas mourir en sachant que ma dernière action sera de l'avoir faite prisonnière. Ou d'en avoir tué d'autres. Ou d'avoir regardé des fous devenir plus fous encore, s'ensevelir, embrasser des arbres puis se faire détruire. De son côté, la « sorcière » ramasse ses grenades, une à une. Elle ne remonte pas dans son arbre, que le feu a entièrement détruit, et que la chute de la falaise menace. Elle s'éloigne vers la forêt.

— Attends ! je tente de l'arrêter avant qu'elle disparaisse.

Elle se retourne, incertaine.

— Dis-moi ton prénom. S'il te plaît.

— Aube, elle répond. Et ce n'est pas une blague.

Aube… Je reste à pleurer, le front et les joues humides de la mer, de dépit et de larmes.

Chapitre 25
Selva

Nour est en pleurs, terrassée par la disparition de Walid. Et Selva ne sait pas quoi faire pour la consoler. La jeune fille craque, littéralement, ses pleurs ne s'arrêtent plus.

— Inspire, essaie Selva. Expire. Doucement.

Nour s'efforce maladroitement de suivre ces conseils. Inspire. Expire. Les soubresauts qui agitent son corps se calment, et Selva essuie son visage baigné de sel.

— On va le retrouver, ton frère, d'accord ?

Selva se retient de flancher, mais l'idée de Walid disparu la terrifie.

— Et s'il a été emmené ? sanglote Nour.

Selva refuse d'y penser. Elle propose plutôt de fouiller méthodiquement les alentours. Walid s'est peut-être caché en sentant le danger. Tandis qu'elles s'aventurent dans le souterrain creusé sous la pyramide, Nour demande à Selva :

— T'as appris où, à respirer comme ça ?

Selva fait mine de ne pas avoir entendu.

— Tu veux pas me dire ? insiste Nour.

— C'est ce que j'ai trouvé pour ne pas devenir folle.

— Encore mieux que la ventoline.

Selva esquisse un sourire. Discuter lui permet de ne pas trop penser à Walid. Elle défonce à coups de pioche les parois, essaie de trouver une trappe au sol, un trou dans le plafond, n'importe quoi qui pourrait servir de cachette. Elle poursuit :

— Et ça m'a sauvé la vie, aussi.

— De savoir respirer ? plaisante Nour. Sans déc'...

— Faire semblant que j'étais morte, nuance Selva. C'est comme ça que j'ai réussi à m'échapper.

— Là, fait Nour.

Au bas d'un escalier, plusieurs morceaux de cagette éparpillés.

— Walid ! hurle Selva.

Nour crie aussi, qu'importe si on les repère :

— WAAAAA-LIIIIIIIDDDDDD !

Elles avalent les marches quatre à quatre. En haut, l'herbe est écrasée jusqu'à un arbre creux d'où proviennent de faibles gémissements. Nour et Selva se précipitent. Walid est là, tremblant, le visage tordu par la douleur. Nour lui tombe dans les bras.

— Tu t'es caché !

Walid fait oui de la tête :

— Y a Frankenstein qui fouinait. J'ai eu peur qu'il me trouve.

— On l'a éliminé, le rassure Nour. Enfin, c'est plutôt lui qui s'est éliminé lui-même.

— Ta jambe, ça va comment ? s'inquiète Selva.

Nouvelle grimace de Walid. Pas brillant, apparemment. Elles le portent jusqu'au camping-car. Nour reste monter la garde, assise sur le marchepied du camping-car. Walid est épuisé et s'endort à peine couché. Selva sait qu'elle devrait en faire autant mais elle n'y arrive pas. Les yeux rivés sur le pare-brise, elle pense à l'ailleurs. Au moment où elle a accepté l'aventure. Le cirque médiatique, la pression. Elle n'avait plus rien à perdre et regrettait presque d'être sortie. Mais ce soir, à l'inverse, Selva se rend compte qu'elle veut vivre. Pas question de se laisser enfermer dans cet îlot cauchemardesque. Walid gémit doucement dans son sommeil. Selva s'approche pour lui toucher le front, il est brûlant. Elle touche son bras, ses poignets, son corps tout entier est en surchauffe, et sa peau luisante de sueur. Selva cherche à défaire l'attelle pour accéder à son pied mais il l'arrête d'une main.

— Laisse, ça va.

— Non, tu as de la température, il faut que je regarde.

Walid hésite. Un nouvel accès de fièvre l'assaille, il lâche prise et se laisse faire. Elle délace sa chaussure. Son pied a gonflé, la peau est distendue et chaude, les marques violettes ont noirci et remontent à la cheville. Sa combinaison moulante empêche de voir plus haut.

— Tu peux enlever tes habits ? demande Selva.

Walid a un mouvement de recul.

— C'est juste pour voir ta cheville.

— Je sais mais bon, voilà, quoi.

— Quoi, t'as les jetons que je te voie en slip ? répond doucement Selva.

Walid ne répond rien. Non, il n'a pas envie qu'elle le voie en slip.

— Mais t'as déjà été en slip devant une fille ?

Silence. Faut croire que non. Selva ne veut pas le brusquer, pas la peine de faire monter la fièvre. Mais il faut bien qu'elle constate l'étendue des dégâts. Elle lui adresse le regard le plus rassurant et le plus bienveillant qu'elle ait en stock :

— Si tu veux, je ferme les yeux, d'accord ?

Walid hésite puis accepte enfin de s'asseoir au bord du lit. Fébrile, il commence à dézipper sa combinaison. Selva s'est retournée, elle attend.

— J'y arrive pas.

Sur sa banquette, Walid est au bord des larmes. On dirait qu'il a quatre ans. Tout petit, tout perdu. Selva déteste ce fichu jeu pour ce qu'il génère chez les autres. D'un geste patient, en adoptant l'attitude la plus neutre possible, elle l'aide à défaire son pantalon. Elle tire une première jambe, en évitant que le pantalon ne touche trop sa peau. Quand elle veut retirer l'autre, la gauche, Walid grimace.

— Faut l'enlever aussi, s'excuse Selva.

— J'ai trop mal.

À sa décharge, le pantalon est resserré aux chevilles, impossible de coulisser le tissu sans compresser la blessure. Selva s'approche de son genou et tente cette fois de déchiqueter avec les dents la partie basse du pantalon. Elle sent sa peau contre ses lèvres, la jambe qui frémit, chair de poule, et incise puis déchire le tissu en tirant des deux mains. Une fois la jambe dégagée, elle retire le haut de la cuisse et lui tend le pantalon. À l'intérieur du camping-car, la faible luminosité empêche de bien voir.

— Je suis obligée d'éclairer, en fait.

Walid ne répond rien. En dépit du danger, Selva allume le néon de la kitchenette pour avoir un peu de lumière. Le jeune homme est debout, une jambe en équilibre, qui effleure à peine le sol. Selva regarde de plus près. Toute la partie basse de sa jambe est complètement noire. D'une voix caverneuse, déparée de toute sa gaieté habituelle, Walid dit :

— C'est la merde, hein ?

Selva se refuse à mentir.

— C'est pas jojo. Mais je vais m'occuper de toi.

Dingue comme ce gaillard qu'il était hier, prompt à blaguer et à en découdre avec son destin, se trouve désarmé face à sa propre faiblesse. Selva lui caresse doucement la joue – geste étonnant dont elle ne se serait jamais crue capable. Walid attrape doucement sa main, la retient contre sa joue, la sent. Selva perçoit le contact de ses jambes, sa peau nue, contre sa propre combinaison. Elle sent la chaleur qui émane de son corps, ses cheveux trempés, sa peau qui luit...

— Tu veux bien me prendre dans tes bras ? sanglote-t-il.

Très doucement, Selva l'étreint. Ils restent longtemps ainsi, et Selva prend conscience qu'elle est aussi sans doute la première fille à le voir dans sa fragilité, en sous-vêtements, faible et fatigué de lutter.

Une bourrasque les sort de leur quiétude. Le camping-car tangue dangereusement. Et Nour ouvre la porte en grand, un peu surprise de les trouver l'un contre l'autre :

— C'est la tempête ! Je crois que ça se lève.

Dehors, en effet, le calme de la nuit a laissé place à une agitation sans nom. Les vents soufflent dans tous les sens, balaient la cime des arbres et font rouler des tas de déchets qui se cognent contre les murets, les pierres, les voitures.

— Ok, décide Selva. On trouve du linge ! Et de l'eau !

Des placards du camping-car, Selva et Nour sortent tout ce qu'elles peuvent de tissu, de draps et de serviettes. Elles trient ce qui ne leur paraît pas trop sale – inutile de surinfecter la blessure. Et appliquent patiemment des linges humides. Sur sa couchette, Walid délire maintenant. Selva sait ce qu'il lui reste à faire. Elle prend Nour à part et s'efforce de chuchoter, malgré la tempête.

— Il faut amputer.

Nour la regarde avec effroi.

— Pas le choix, enchaîne Selva. C'est ça ou on le perd lui.

Nour encaisse l'information, la traite à vitesse accélérée et répond :

— Ok. Dis-moi ce que je dois faire.

Le reste est millimétré. Avec les moyens du bord, elles se lavent les mains puis nettoient la blessure de Walid. Walid tient des propos incohérents, rit et pleure à la fois. À un moment, il dit même :

— Dors près de moi, d'abord. Une dernière fois.

Selva se sent flancher. Dormir, c'est attendre. Demain, c'est trop tard. Déjà, Walid repart dans son délire. Selva se demande s'il ne le fait pas exprès pour leur laisser le champ libre. Moins dur d'être rude avec quelqu'un qui n'a plus rien à voir avec celui que vous aimez. Elle l'accompagne dans son délire, lui caresse le front. Selva veut dormir avec lui, oublier tout. Elle se penche à son oreille :

— Mon doux. On va t'enlever ta blessure.

Elle se reprend.

— Ta jambe, je veux dire.

Selva s'éclaircit la voix.

— Pour éviter que la gangrène gagne, on va te couper la jambe. Walid ? Tu entends ce que je te dis. Tu comprends ?

Walid pleure, maintenant. Selva recommence :

— J'ai besoin de ton assentiment, d'accord ? Est-ce que tu es d'accord ?

Nour guette le moindre signe qui vaudrait approbation de son frère. Elle prend le relais de Selva :

— Mon Didouwal, il faut que tu répondes à Selva. Que tu nous dises que tu es d'accord.

Walid hoche enfin la tête et articule, en regardant Selva droit dans les yeux :

— Je te... confiance.

Ok, pas le moment de craquer. Selva dégaine sa hache. Elle observe la jambe de Walid, son visage crispé.

— Bon, Nour, respire avec lui.

Nour se place près de Walid et lentement, inspire et expire, en calquant sa respiration sur le souffle de son frère. D'une main, Selva asperge la lame d'un peu d'eau, mêlée de ce que contiennent les fioles. Elle inspire elle aussi. Expire. D'un clignement des paupières, elle fait signe à Walid de fermer les yeux. Celui-ci s'exécute. Selva lève la hache. Nour croise son regard et ferme les yeux à son tour.

Inspire.

D'un geste bref, Selva abat la hache.

Chapitre 26
Mickey

Sous leurs pieds, Mickey le sait, se cache un poste de commandement, qui lui permettra au besoin d'appeler à l'aide dès que le signal sera rétabli. La trappe est masquée par des buissons, personne ne peut se douter. Bien avant la session de formation, il a déjà fait le tour de l'île en réalité virtuelle et parcouru le long boyau plongé dans le noir, qui rejoint une porte métallique. Là, derrière le blindage encastré dans des parpaings, une deuxième porte attend, plâtrée cette fois, pour donner l'illusion d'un mur. Il lui suffira de glisser sa main en bas à gauche pour déverrouiller.

Sur ce site privilégié en bord de lac, Mickey s'appuie à flanc de colline pour leur faire bâtir une forteresse finement pensée. Toute la journée, il commande, ils exécutent. Délicieuse sensation de sentir qu'on lui obéit. Les travaux progressent à grands pas et avant la fin du jour, la forteresse est quasi achevée – douves, triple paroi d'acier et système de défense ultra sophistiqué. Tandis que Souleymane et Grud consolident une grille que Soul porte à bout de bras, Maryse croit apercevoir un mouvement :

— Je crois qu'il y a du monde.

— Pas de panique, on est prêts, promet Mickey.

Il leur ordonne de fermer la porte puis, d'un geste leste, grimpe un par un les échelons qui le séparent du haut de la paroi. Souleymane le laisse se glisser contre lui en murmurant à son oreille :

— Fais gaffe, ils sont peut-être armés.

Mickey rabat ses cheveux en les coinçant sous son bandeau – inutile de signaler sa présence. Il pensait que les autres combattants mettraient plus de temps à se manifester – à croire que les vivres manquent déjà. Mickey dégaine un mini miroir arrimé à un bâton : tel un rétroviseur, celui-ci lui permet de voir ce qui se passe sans être vu. Face à eux, d'autres combattants se sont effectivement mis en position.

— On a quoi ? l'interpelle Grud.

— Deux filles, deux garçons, annonce Mickey.

Un basketteur, un aviateur, une panda et une samouraï. Faciles à identifier, donc, mais impossible de s'isoler pour accéder au récap' combattants et savoir s'il s'agit d'un *squad* constitué par l'algorithme, ou réuni par la disparition de leurs *squads* respectifs. Comme un mauvais pressentiment, néanmoins. Mickey a les yeux rivés au minuscule œilleton percé dans la paroi à hauteur d'homme. Chacun est doté d'au moins trois armes et deux pioches ! C'est un *squad* d'élite, la partie ne va pas être facile.

— Je crois que j'en ai vu deux autres, alerte encore Maryse.

— Où ça ?

— À l'entrée du ruisseau.

— À quoi ils ressemblaient ? veut savoir Mickey.

— Deux trucs horribles. Avec les yeux violets.

Souleymane déboule à son tour :

— Y a un squelette couché derrière un buisson !

— On va pas mourir, dis ? se met à pleurnicher Maryse.

— Non, on ne va pas mourir, promet Mickey. Pas comme ça. Pas maintenant. Rassemble les armes en bas près du coffre. Toi, Grud, monte avec moi.

Armés chacun d'un pistolet automatique, ils remontent le long de l'échelle, Mickey rescanne la zone avec son rétroviseur de fortune et murmure à Grud :

— Tu peux enlever ton t-shirt ?

— Pardon ?

— Confiance, Ok ! Enlève ton t-shirt.

Légèrement réticente, Grud s'exécute. Mickey se tourne cette fois vers Souleymane :

— Souleymane, file-moi ton bâton. Ta pioche, je veux dire.

Délicatement, Mickey déclipse le micro qui encombre la tête de la pioche, retourne le t-shirt de Grud et l'attache solidement. Sidérée, celle-ci demande :

— Mais tu fais quoi, là ? Ta lessive ?

Mickey pense à Yuan, soudain. Elle seule aurait été capable de plaisanter dans un moment pareil.

— C'est un drapeau blanc.

Souleymane rectifie de sa voix haut perchée :

— C'est plus rouge délavé que blanc, quand même.

— T'as mieux ?

— Non.

— Bon.

Doucement, Mickey soulève la pioche pour faire passer le vêtement au-dessus de la muraille. Au premier centimètre, un coup de feu transperce l'étoffe.

— Mon maillot ! fait Grud.

Une nouvelle salve retentit. Quand Mickey redescend le bâton, le drapeau n'est plus qu'une loque transpercée de toutes parts. Il défait sa veste de jogging et la tend à Grud. Il se retrouve en marcel, ses bras tout chétifs à côté de ceux de Souleymane. Mais il ne peut décemment pas laisser Grud mourir de froid en soutien-gorge.

— Bon, je crois qu'ils veulent faires les marioles, prévient Mickey.

— Ça tombe bien, moi aussi, renchérit Maryse.

La jeune fille semble galvanisée, boostée à l'adrénaline. « Tant mieux », pense Mickey. Il va leur falloir de la niaque. Chacun dans leur coin, ils arment un pistolet. Mickey déplie trois doigts et articule en silence les chiffres du compte à rebours.

Trois. Deux. Un.

D'un même geste, ils se relèvent et balaient l'horizon de balles. Avant de vite se carapater derrière la muraille pendant que ça riposte en face.

— On passe sur la droite, annonce Mickey.

Règles de tir

Ne jamais tirer au même endroit.

Ne jamais tirer du même endroit.

Ne jamais tirer droit.

Surprendre l'adversaire, toujours. Mickey remime ses gestes, tous les quatre se lèvent d'un même élan mais le camp d'en face les prend de vitesse. Grud entend la balle siffler à son oreille. Ça se complique. Mickey fait signe à Souleymane :

— Va me chercher les grenades, vite.

Le jeune homme descend quatre à quatre et remonte avec une provision de munitions.

— Vous savez comment ça marche ?

Mickey leur montre. Dégoupiller. Compter une seconde. Puis deux, puis trois. Se lever, et lancer pour que le projectile atteigne sa cible pile au moment où il explose.

— À vous, fait Mickey.

Chacun leur tour, Souleymane, Grud et Maryse lancent leur explosif. Chaque fois, ils comptent jusqu'à trois et attendent la déflagration en se bouchant les oreilles. La riposte ne se fait pas attendre, des tirs balaient la roche au-dessus d'eux. Des roquettes ricochent contre l'acier, mais tout est bien pensé, se rassure Mickey. La forteresse résiste. Merci son cours de construction, deux semaines de cours intensif en amont du stage de préparation. Il remime le geste du doigt, même élan, lancer, *boum* !

— Je crois que j'en ai touché un, jubile Souleymane.

— C'est bon, ça ! s'extasie Maryse.

— On y prend goût, à la guerre !

Pas de réplique, l'ennemi se remet sans doute en position et leur provision de munitions descend à vue d'œil. Mickey appréhende qu'ils soient bientôt à court.

— On fera quoi quand on sera à sec ? s'alarme Grud.

Aux grands maux, les grands remèdes. Mickey comprend qu'il doit alerter la Base, il y a urgence.

— Je reviens.

Tandis que là-haut, les trois jeunes continuent de tout donner, Mickey trouve le buisson, la trappe. Puis le long boyau jusqu'à la porte encadrée de parpaings. Un *clac*. Le mécanisme s'enclenche. La porte s'ouvre sur une immense salle remplie d'ordinateurs, de voyants, d'appareils tous plus sophistiqués les uns que les autres. Mais surprise, personne ! Le poste de commandement est vide ! Est-ce qu'ils l'ont vu arriver ? Est-ce que, finalement, le commandement a été déplacé pour cette session ? Pas le temps de cogiter, Mickey doit agir. Comme prévu, des écrans tapissent les murs du bunker. Mickey appuie sur les boutons les plus proches, tente de reconnecter le tout mais plus aucun signal. Absence totale de contact.

Mickey sent les larmes qui montent mais le moment est mal choisi. Il se reprend et se précipite en réserve.

Au moment de tourner le loquet, il sent son cœur s'emballer. Et si la réserve était vide elle aussi ? L'arsenal n'est à déclencher qu'en cas d'urgence – sous réserve d'un dispositif validé par trois échelons hiérarchiques. Et d'un cryptage par mot de passe. Mais ce qui se passe *est* une urgence. La Base ne répond pas, il est le seul à bord en capacité. En passant sa main derrière le deuxième moniteur du milieu, Mickey croit s'être trompé. Une poignée de fer devrait permettre de déverrouiller le mécanisme. Il tâtonne, la paroi est désespérément lisse, aucune poignée en vue. Mickey dégaine sa pioche et fracasse le sol. Il lui faut des munitions ! Il explose la moquette, défonce la dalle de béton, le sol se fissure enfin et Mickey élargit la faille pour fouiller le sous-sol. Par la torche intégrée à son bandeau, il éclaire la cave.

— Rien. Putain, y a rien.

Mickey a parlé à voix haute, panique totale. Est-ce que « C. » lui a menti sur toute la ligne ? Est-ce que quelque chose cloche vraiment et que personne ne peut les prévenir ? Mickey ne veut pas mourir. Pas comme ça. Pas maintenant. Il sort en urgence son *ghettoblaster* et tapote vite fait un message :

Journal de bord

Niveau d'alerte : Crise AA+

Bunker déserté. Réserve de munitions absente.

Degré d'urgence : élevé

Siège par armée constituée.

Réserve de munitions en chute libre.

Pas de sortie possible.

Next :

Envoyer munitions. Attends instructions. *HELP*. *Squad* élite en danger.

C'est un mensonge – son nouveau *squad* n'a rien du *squad* d'élite du départ – mais si la Base pense que son meilleur *squad* est en danger, alors elle viendra les chercher. Mickey se dépêche de remonter prévenir le trio de se calmer sur les munitions. Il faut tenir, le siège promet d'être long. Grud saigne un peu, Souleymane transpire. Seule Maryse se révèle dans le combat, elle goûte chaque grenade explosée. Grud l'accueille froidement :

— Ça va, les vacances, là ? Tu foutais quoi, en bas ?

— Je t'expliquerai.

Tout en tension, l'après-midi file à une vitesse folle. Minute après minute, ils émergent chacun leur tour de la muraille pour tirer une balle ou deux. Manière de dire, on est là, on résistera. Mais cette stratégie les épuise. Quand enfin ils décident de faire une pause, ils en sont à tirer toutes les dix minutes seulement. La ceinture de cartouches de Souleymane a descendu dangereusement.

— Ok, d'après mes calculs, on peut encore tenir douze heures, énonce Mickey d'un ton qu'il veut rassurant.

Le regard de Souleymane se voile d'effroi. Mickey se retourne : une fissure est en train de se creuser dans la paroi. Il a dû trop creuser au sous-sol, le terrain s'affaisse.

Leur bastion est en sursis. Et eux aussi.

Chapitre 27
Perkins

Depuis combien de temps suis-je assis, les bras autour des genoux ? Je ne sais plus. Sensation d'oublier le temps, dans le désœuvrement le plus total. Je ne vais quand même pas rester là indéfiniment, il faut que je m'occupe, je vais devenir fou, sinon. Quand la nuit vient, je dégaine ma pioche et j'abats un arbre, puis deux. Construire une cabane, de mes mains. Qui résiste à la fois à la tempête et aux agressions. Et pourra accueillir Selva, Mickey et tous ceux qui le souhaitent. L'idée me réconforte. Je travaille comme un forcené. J'ai chaud, je transpire. J'ai froid. Mais peu m'importe. Agir m'évite de réfléchir. Yuan passe son temps à contempler la mer. La cabane est pour elle aussi, bien sûr. Un étage, une pente de toit inversée pour accroître la résistance à la pluie – en évitant que l'eau stagne – et des lattes ajourées pour diminuer la prise au vent. Il me reste des fioles. Aube a laissé quelques pommes. On a de quoi tenir plusieurs jours. Après ? Après on verra. Il faut d'abord que Mickey et Selva nous rejoignent.

Alors que le crépuscule violacé commence à assombrir la mer, un craquement m'interpelle.

— Yuan ? j'appelle.

Personne. Comme à son habitude, elle vit sa vie, libellule qui papillonne sans jamais s'ancrer les pieds sur terre. « Ne t'éloigne pas », lui ai-je dit mille fois. La forêt est cernée d'âmes égarées. Mais Yuan s'en fiche. Yuan est au-dessus de tout ça. Je m'abstiens de dormir dans la cabane, cible vulnérable tant que je n'ai pas fini de fortifier. Et je me glisse sous le plancher – les lambourdes se déclipsent par un jeu de double levier, j'ai juste la hauteur pour me faufiler, le nez au ras du plancher. Je m'endors mais très vite une chaleur me rattrape, et je vois Yuan qui sourit. Elle court dans un labyrinthe et semble se perdre elle aussi.

— J'ai le fil, crie-t-elle.

Elle s'amuse à l'enrouler autour de moi, comme pour me ligoter et m'empêcher de me mouvoir. Le cri de la sorcière résonne, je voudrais dire à Yuan « Tu entends ? » Mais Yuan *est* la sorcière, elle me regarde, ravie de me voir lutter, impuissant ; elle rit, encore,

encore, et j'entends sa voix lugubre qui résonne. Le feu est sur nous. J'ouvre les yeux. Ce n'est plus un craquement, ça crépite de partout. Je reconnais d'instinct l'odeur du dioxyde de carbone, proche de celle de la saucisse aux herbes, je sens que mes forces flanchent, mon cœur ralentit, j'ai le cerveau qui s'embrume. Par réflexe, je trouve la force de manœuvrer les leviers du plancher et de sortir de ma cachette. Partout, les flammes dansent, mais les odeurs sont tangibles, et le ricanement bien réel, de même que cette silhouette qui danse au bord de la falaise, une torche à la main.

La sorcière ! Aube. Elle est revenue !

— Et tout disparaîtra, ricane-t-elle encore et encore.

Cette forêt est damnée, rien ne peut sortir de bon de celles et ceux qui se replient sur eux. J'attrape ce que je peux d'affaires et je cours loin de ce cauchemar en évitant les boules enflammées qu'elle me lance. Je longe la falaise, je pourrais trébucher, peu m'importe, je marche vers le sud enfin, ce que je crois être le sud, en collant au plus près le trait de côte pour éviter de me fourvoyer. Sur cette île où plus rien n'a de sens, même mon orientation me joue des tours, alors je préfère ne prendre aucun risque. Régulièrement, je laisse traîner un trognon de pommes parfaitement découpé. Si Yuan les voit, elle saura où me trouver.

Progresser n'est pas de tout repos. La tension est palpable, des coups de feu retentissent régulièrement et le moindre bâtiment a été pillé, saccagé, et j'aperçois même des champs brûlés. Comme si tous les participants pensaient uniquement à court terme. Comment imaginer survivre ensemble si nous ne respectons rien ? De temps à autre, une silhouette passe dans mon champ de vision et je dois déterminer en une milliseconde s'il pourrait s'agir de Mickey ou de Selva. Pour Mickey, c'est facile, avec sa dégaine et son jogging visible à cent mètres, même la nuit. Pour Selva, en revanche, plus délicat. Avec sa tenue camouflage, elle peut habilement se dissimuler dans la forêt, et même derrière les chalets de bois qui jonchent la zone où je me trouve.

En alerte permanente, je me méfie de tirer trop vite, tout en risquant à cause de cela de me faire canarder moi aussi. Heureusement, les tireurs d'élite ne sont pas légion, même si on sent que les esprits s'échauffent. Loin des zozos égarés de la forêt, les joueurs ici agissent clairement pour la gagne. Ne restent que les plus vaillants, les plus malins, les plus forts. Pour la plupart, ce sont toutefois des *brutos*, qui tirent dans le tas sans réfléchir. Inutile de tenter de parlementer, ils n'en sont plus là depuis longtemps. Je n'ai pas d'autre choix que de les éliminer, si je ne veux pas succomber sous leurs coups. Chaque fois, j'examine la situation pour trouver leur faille et éviter de me laisser retarder.

J'analyse. Je tire. Je gagne.

Seule nouveauté, les drones ne viennent plus, sans que je m'explique pourquoi.

Ça a commencé par un Tyrolien sympa, que je n'ai même pas eu le loisir d'éliminer – il a perdu ses barres de vie devant moi, sans doute à bout de forces. J'ai vu son voyant s'éteindre. J'ai attendu le drone – je voulais capturer l'appareil pour le décortiquer et trouver des infos. Mais rien n'est venu. Au bout d'une heure, je me suis rendu à l'évidence. Le Tyrolien me restait sur les bras. Je me suis contenté de lui fermer les yeux, de lui prendre son badge et de me remettre en chemin.

Cible suivante, une punkette aux cheveux roses et au t-shirt déchiré me saute dessus sans crier gare. *Bim*, je l'ai achevée en un rien de temps. Mais mes coups de feu ont attiré un DJ rasta à coupe afro. Lui balancer de la musique a suffi à lui donner envie de danser – j'en ai profité pour l'abattre, du gâteau. Comme les drones ne viennent plus, je récolte patiemment les badges, je note mentalement le descriptif du combattant et j'essaie de reconstituer le puzzle – s'il y en a un.

Le Tyrolien = 49.

Le DJ rasta afro = 43.

La fille aux cheveux roses = 40.

Le motard casqué à foulard rouge = 19.

Le blondinet sorti de *Princess Bride* = 15.

La Bunny aux oreilles noires = 20.

À ce stade, j'ai commencé à comprendre. Pair, fille. Impair, garçon. Sans doute classés par âge et résistance. Ou alors capacité à survivre ? Ça se tient : les dizaines supérieures se font rares. Alors que mes gentils bambis étaient dans les 80 et 90 – un miracle, qu'ils aient tenu le temps que je les rencontre. Qui a décrété cet ordre ? Quels critères, quels facteurs ont présidé à la sélection ? Je suis « 17. ». Pas brillant. Mais je suis encore là. Sous la lumière, je manipule les numéros en ma possession un par un, et les classe par ordre de grandeur. Le 15., le 19., le 20., et ainsi de suite. Je retrouve même dans la poche de mon sac licorne le numéro 24., reliquat de ma rencontre au bord de la piscine – la footballeuse coriace n'aurait jamais dû être éliminée si tôt – ainsi que le 35., arraché au robot qui creusait sa tombe (j'ai honte, mais je n'ai pas pu résister à l'envie de lui voler ses affaires – c'est Yuan qui m'en a convaincu).

Chaque badge comporte deux chiffres. Sertis en filigrane inversé. Ainsi qu'un poinçon au bas du second numéro, parfait liseré qui borde la rainure extérieure, comme si on avait voulu rendre indissociable le nombre et son carré. Pas de place pour autre chose que deux chiffres. Je mise sur l'existence d'un 00. Soit 100 numéros en tout.

— Nous sommes 100.

Pas plus, pas moins. Yuan surgit comme par magie. Elle me tend son badge.

« 98. »

Je sens ma gorge se serrer. Avec un tel matricule, elle était destinée à partir très tôt. Dès sa blessure, dans le bus. Je vois ses yeux s'embuer – à moins qu'il s'agisse des miens – mais elle se ressaisit et m'arrache son badge :

— Rappelle-toi ce qu'on nous a dit : « gardez vos costumes, vos sacs, vos accessoires ».

Est-ce que le bracelet nous sert d'identifiant, pour les drones ? Tous les corps que j'ai pillés ne pourront donc jamais être retrouvés. Je me sens mal, j'ai besoin de m'allonger. Les badges dans la main, je caresse le souvenir de tous ces combattants que j'ai peut-être privés d'une porte de sortie, si tant est que les drones réapparaissent un jour. Au dos, sous l'index, je perçois comme un voile en filigrane. Je lève les badges face au soleil – impossible de distinguer quoi que ce soit.

Soudain, une ombre obstrue la lumière. Une tête de tomate géante en justaucorps vert remplace le soleil. Je soupire, comme une envie de mettre sur « Pause ». L'ensemble est grotesque, et mon attitude blasée a l'air de le décontenancer.

— C'est de l'or, tente d'articuler Tête-de-Tomate, qui a le plus grand mal à parler à cause de son masque.

— Mon badge ? Faut croire, je réponds.

— Donne-le-moi.

— Pour quoi faire ?

Pas de réponse. Son masque m'empêche de savoir ce qui lui traverse l'esprit. Je la joue psychologique.

— Yuan, explique-lui ce que signifie son numéro.

Tête-de-tomate me regarde, je crois distinguer de la panique dans ses yeux.

— Tu parles à qui ?

— Allez, Yuan, dis-lui que ça porte malheur.

— Tu parles à qui, bordel ? s'énerve-t-il.

Ma technique fonctionne, il semble à bout. Je risque gros mais je continue :

— Toi t'as quel numéro ?

— 79.

Je grimace, il a l'air de percuter que c'est un problème.

— Quoi ?

— Ben c'est pas bon ; ça signifie que t'es un *loser*.

— *Bullshit* !

— Moi c'est 17., j'annonce fièrement en levant mon bras.

Tête-de-tomate agite son pistolet :

— Donne-moi ton bracelet, alors.

Patiemment, je déclipse mon badge – je risque gros, s'il me tire dessus, personne ne viendra me chercher. Tandis qu'il ouvre les doigts pour s'en saisir, je retiens le bracelet un instant, il sent ma résistance, s'arrête et me regarde froidement. Sans prévenir, je lui balance un coup de botte dans les parties, il se plie en deux de douleur et déjà Yuan lui saute dessus et se déchaîne sur lui à coups de pioche. Non, ce n'est pas Yuan, c'est moi qui tiens la pioche ! De ma lame, je l'explose en long, en large et en travers, je fais gicler la tête de son costume qui jaillit à terre tandis que je dégaine mon flingue et le vise en plein cœur. Une fois. Deux fois. Trois fois.

Comme un souffle. J'ai l'impression de me vider de l'intérieur. J'ai le réflexe de lui arracher le bracelet avant qu'un drone surgisse et l'emporte. Plus rien qu'un peu de jus de tomate au sol. Je cherche Yuan du regard. Personne. On dirait qu'elle a disparu alors qu'elle se battait là, à mes côtés. Je ramasse mon sac, ma bouée en forme de licorne est à moitié éventrée, maculée de jus de tomate. Je ferme les yeux, Yuan me regarde d'un air morne, pathétique.

— Les drones sont revenus, alors ?

Je n'y comprends plus rien.

Chapitre 28
Selva

Devant le camping-car, Nour dort. Selva sent sa propre main, gorgée de l'odeur de Walid. Elle se rappelle son visage implorant. La hache qui brille dans la nuit… Elle secoue doucement l'épaule de Nour :

— Y a eu quoi ?

Nour est encore tout ensommeillée :

— Il voulait dormir dans tes bras.

— Et j'ai dit oui ?

Nour acquiesce :

— Quand je me suis réveillée, il n'était plus là. J'ai cru qu'il montait la garde, mais non.

— On va le retrouver.

Le visage de Nour se baigne de larmes.

— Il est parti, Selva. Il savait.

— Mais on allait sauver sa jambe, sanglote Selva.

— Il était condamné, fait Nour.

Selva est horrifiée mais Nour a raison. Jamais ils n'auraient pu continuer d'avancer avec Walid blessé. Nour affiche un sourire triste, résigné.

— Il ne voulait pas gêner.

Selva refuse l'idée que Walid soit parti. Ça monte sans prévenir, sa rage la surprend, comme une envie de tout casser. Elle saisit sa pioche et commence à fracasser les parois du camping-car. La tôle explose, les vitres pètent et les matelas volent. Elle sort et s'attaque aux murs de pierre. Selva veut effacer toute trace de ce monde, elle refuse même l'idée qu'il existe. Elle ne sait plus quoi penser, elle attaque un arbre, elle se demande si elle a rêvé, elle défonce un panneau. Est-ce que tout ce qui leur arrive est vrai ? Est-ce qu'elle a amputé Walid ? Est-ce qu'il est vraiment parti ?

Sans réponse ni certitude, Selva s'attaque à une paroi de fer, cette fois. Elle frappe, encore et encore, le métal résiste, alors elle prend son arme et le défonce de balles. Elle les sent qui ricochent et la frôlent, elle s'en fiche. Hors d'elle, elle tire en l'air maintenant, et ce n'est que lorsqu'enfin son chargeur est vidé, et qu'elle-même n'en finit plus de pleurer, qu'elle entend la voix de Nour, très douce, à son oreille, qui lui dit :

— On n'a plus nos repères, c'est normal de paniquer.

Selva sanglote. Elle a peur...

— Mais tu ne dois pas devenir la folle du pont pour autant.

Selva sent sa gorge se serrer au souvenir de la silhouette macabre qui dansait face au ciel. Elle a honte de ce qu'elle vient de faire.

— Si Walid nous voit, il faut qu'on soit fortes, poursuit Nour.

— Alors on fait quoi ? demande faiblement Selva.

— On s'accroche ?

— On s'accroche.

Pour venger Walid, Selva décide qu'elles doivent remporter ce fichu jeu. Personne ne saurait leur arriver à la cheville. Eux seuls ont voulu insuffler un peu d'humanité, et c'est cette mauvaise chute qui a eu raison de leur trio, rien d'autre. Selva profite de l'aube pour monter en haut de la pyramide inca, ou aztèque, qu'importe. Perchée sur la tomate géante qui trône là-haut, elle scrute la tempête autour d'elle, qui souffle terriblement. Et se jure d'être plus forte qu'elle. Vers ce qu'elle pense être l'ouest, une immense étendue d'eau dont les flots sont perturbés par le vent. Derrière, des tours de pierre et d'acier s'élèvent vers le ciel. L'eau, la terre, l'air. Comme mêlés dans un même tourbillon. C'est ici qu'elles iront. En bas, Nour a rassemblé les sacs, les armes et caresse un petit carré doré. Marqué du chiffre 07.

— C'est quoi ?

— Ce qu'il reste de Walid. Son badge. Il était posé près de la roue.

Elle lui tend.

— C'est pour toi.

Selva sent l'émotion la saisir. Elle n'en peut plus de toute cette souffrance.

— Il t'aimait beaucoup, tu sais.

Selva déteste l'îlot.

— Et moi aussi, ajoute Nour, je t'aime beaucoup.

Sur la route, les obstacles sont nombreux, et Nour et Selva avancent avec peine. Les vents les obligent régulièrement à s'arrêter, des rafales arrivent en tous sens, qui peuvent rendre fou. L'air ne vient ni de la mer, ni des terres, rien n'est naturel. La fatigue les écrase, leur vigilance se réduit dangereusement. Elles ne voient même pas deux énergumènes qui luttent eux aussi contre le vent, entre deux hangars métalliques. Selva croit d'abord à une hallucination. L'une des deux silhouettes arbore des cornes de cerfs et l'autre une tête de hamburger. Il s'agit bien de concurrents qu'on devine perdus eux aussi. Selva ne se sent pas la force de les attaquer. Le vent pourrait dévier les balles. Elle n'est même pas certaine d'y voir assez clair.

— On va plutôt se cacher, propose-t-elle.

Une pompe à essence désaffectée patiente sur le bord de la route, qu'aucune voiture n'a jamais empruntée. Qu'importe, la cuve éventrée fera une bonne cachette. Avec Nour, elles se faufilent pour attendre que les deux costumés passent. Autour d'elles, ça fouille, ça casse des murs à la pioche.

— Jamais tu trouveras de sortie, je te dis.

La voix est comme assourdie – probablement celle du hamburger.

— Y a forcément un passage, quelque chose qui permette de s'échapper.

« Voilà ce à quoi nous sommes réduits, pense Selva. Vouloir échapper à tout prix à ce qui ne devait être qu'un jeu. » Une fois les bruits calmés et éloignés, elles décident de s'aventurer dehors. Plus personne. Quelques murs fracassés, une fiole brisée. Selva se sent abattue. Il pleut des cordes, son corps est transi de froid et elle n'est même plus certaine de savoir dans quelle direction se trouvent le lac, la ville :

— J'ai plus la force, fait-elle soudain.

Nour a le regard noir :

— Pense à Walid. Tu veux qu'il se soit sacrifié pour rien ?

Par réflexe, Selva caresse de l'index le badge doré de Walid, qu'elle a attaché autour de son cou. Sifflement dans l'oreille, lueur de panique dans le regard de Nour. Puis un cri :

— Couche-toi !

La seconde d'après, une roquette explose à quelques mètres d'elles, faisant valser de la terre tout autour. Selva relève la tête : un lapin rose masqué les vise avec un lance-roquettes. À ses côtés, un bonhomme en pain d'épice sort des missiles de son sac tout en se protégeant derrière un bout de palette. Une deuxième roquette siffle déjà et se fracasse contre la paroi derrière elles. Les cartons empilés au sol s'enflamment et le vent commence à souffler des lambeaux en feu. Nouvelle lueur de panique dans le regard de Nour :

— Ton sac ! Il brûle.

Imprégné d'essence, le sac de Selva se consume dangereusement. Elle le lance loin d'elle et secoue son bras, léché par les flammes. Les deux déguisés s'apprêtent déjà à lancer une nouvelle roquette. De rage, Nour se met à crier en chargeant contre le lanceur de roquettes. Le pain d'épice prend peur et s'enfuit, laissant derrière lui palette, sac et munitions. Nour tire sur le lapin à bout portant. Celui-ci s'effondre. Nour se précipite sur Selva. Le sac a brûlé en partie sa combinaison. Son bras droit est incrusté de textile fondu, sa peau fait peine à voir.

— Après Walid, c'est mon tour, se désole Selva.

— Ça n'a rien à voir.

Il n'empêche. Sa peau est sacrément meurtrie. Un drone surgit pour venir chercher le corps. Il lutte contre la tempête, agrippe maladroitement le corps du lapin mais semble en difficulté.

— Qu'est-ce qui se passe ? s'inquiète Nour.

Selva n'en sait rien. Le drone tangue dangereusement à quelques mètres du sol et finit par lâcher prise. Le corps s'affale et déjà le drone s'éloigne, délesté de la victime. Selva et Nous s'approchent prudemment. Le *shield* du lapin est déchargé, elles lui retirent son badge – 35. Selva lève les yeux vers le ciel – aucun autre drone en vue.

— Je crois que plus rien n'est sous contrôle, soupire Nour.

Selva a affreusement mal. Elle voudrait que tout s'arrête.

Chapitre 29
Mickey

Souleymane continue de donner le change en tirant des coups réguliers. Grud, Maryse et Mickey en profitent pour tenir un conseil de guerre. Mickey est sommé de s'expliquer sur ce qu'il a trafiqué au sous-sol.

— J'ai trouvé l'entrée par hasard. J'ai paniqué, j'ai cru que je pourrais trouver une solution pour nous sauver.

Grud et Maryse sont sidérées qu'il se soit senti autorisé à mettre en danger leur forteresse. Grud est particulièrement remontée :

— Si on cachait des grenades derrière des ordis, ça se saurait.

— L'eau, finit-il par prétexter.

— L'eau ?

— Un siège peut se tenir des jours et des mois, même. Tant qu'on a de l'eau.

— C'est pour ça que tu as creusé ?

— Exactement.

Grud l'a mauvaise :

— Et d'où tu crois qu'il y a de l'eau sous nos pieds ?

Mickey voudrait répondre « parce que j'ai les coordonnées GPS de tous les cours d'eau souterrains de l'île ». Mais il se retient. Pas la peine d'aggraver son cas.

— La pente du terrain. Vu comme elle s'incline, c'est une ancienne rivière – le réseau hydrographique est lisible.

Règle n° 3 de l'ascendant sur autrui

Le savoir, la connaissance.

Faire croire aux autres que vous en savez plus qu'eux.

Quitte à inventer.

Ils croiront que vous pouvez leur être utile.

Grud est étanche à l'argument.

— On s'en tamponne, de ta flotte, ça marche tant qu'ils ne peuvent pas rentrer. Quand le bastion va s'effondrer, ça nous fera une belle jambe de pas avoir soif.

Elle arme son pistolet.

— On va plutôt tenter une sortie.

— Comment ça ? blêmit Mickey.

Mais il a très bien compris. Il a failli, ce n'est plus à lui de donner des ordres. Maryse jette un œil inquiet à la paroi. Les assauts répétés l'ont fragilisée, sans parler des fondations. En plusieurs endroits, l'œil nu distingue déjà que ça s'affaisse. Mickey refuse la fatalité :

— Je vous promets, je vais trouver une solution

Grud hausse les épaules et remonte avec Maryse. Au bout de quelques minutes, elles l'appellent :

— Baltringue, viens, faut qu'on parle.

Souleymane l'attend lui aussi – il a interverti sa place avec Maryse, qui se contente d'agiter sa visière au-dessus de la muraille pour narguer leurs adversaires, et faire diminuer leur stock de munitions.

— On s'est dit que ce serait bien de faire un point d'équipe.

— « On » ? tique Mickey. C'est qui « on » ?

Souleymane se veut apaisant.

— Mike. On a bien réfléchi, et on est d'accord qu'il faut tenter une percée, c'est la seule solution viable.

Mickey ne peut retenir un rire nerveux.

— Pour nous faire tirer dessus comme des lapins ?

— On ne va pas tenir. Ta tranchée a fragilisé les fondations, ça fait vaciller la paroi. Si on attend que ça se fissure plus, on risque de finir ensevelis sous notre propre forteresse.

Mickey sait qu'il a raison, mais le Contrôleur F. qui est en lui se ferait brûler vif plutôt que de l'admettre.

— Et donc ?

— Les coups de feu nous arrivent en triangle, enchaîne Grud, qui se découvre un Master Stratège de guerre. J'ai vérifié, ils opèrent selon le même schéma, y en a toujours un qui se repose.

— Si tu le dis.

— Suffit qu'on sorte tous les quatre d'un coup, très vite sur le bord – et assez vite, au bout d'une dizaine de mètres, on se retrouve dans l'alignement du côté du triangle.

— Si le point central nous tire dessus, il prend le risque de toucher son coéquipier, ponctue Souleymane.

— Précisément.

— Donc vous pensez qu'on peut tenter la sortie par le côté ? questionne Mickey.

Souleymane désigne le mur du fond.

— On va creuser.

Mickey est partagé. Il a l'horrible sentiment d'être poignardé en plein cœur par ces trois qu'il sent ligués contre lui. Mais rassuré, aussi, d'être pris en main.

— Ok, il fait.

— Ok ?

— Oui. Confiance.

Souleymane et Grud hésitent puis murmurent, d'une même voix :

— Confiance.

Le fond du bunker est dans l'axe choisi par Grud. C'est Mickey qui se colle d'abord à la corvée de pelletée – en gros, une dizaine de mètres en diagonale. Chaque coup de pioche lui fait manger un peu de terre, mais il progresse vite. Sa pioche n'a pas trop servi, elle reste affûtée. Et la pente au bas du lac est composée de terre très meuble – ça creuse comme dans du sable. Quand Mickey a besoin de se faire relayer, il appelle Souleymane ou Grud à la rescousse. Maryse reste là-haut pour faire diversion. Au bout de trois heures environ, le trou est fini, ne reste plus qu'à percer par le dessous la couche d'herbe qui obstrue la sortie de leur tunnel.

Le boyau ne peut laisser passer qu'un seul corps à la fois. C'est Souleymane qui ouvrira le bal – vu sa carrure, si son corps passe, les autres suivront. À la nuit tombée, les voici donc à ramper à la queue leu

leu. Grud a bricolé un système de déclencheur automatique sur l'un de leurs fusils, qu'elle a fixé là-haut pour donner l'illusion qu'ils continuent de se battre.

— C'est pourri de sacrifier un fusil, a mis en garde Mickey.

Grud n'a même pas pris la peine de répliquer – comme s'il était le pire des ratés, celui qu'on ignore à la cantine du lycée. Tandis que le fusil égrène ses coups, c'est Mickey qui ferme la marche, évidemment. Maudit *ghettoblaster*, qui s'accroche régulièrement au boyau. Souleymane s'extirpe en premier et s'allonge dans l'herbe tout en tendant une main à Grud pour qu'elle puisse sortir elle aussi. À quatre mètres, l'épaisse muraille se dresse, luisante de l'humidité de la nuit. Au tour de Maryse. Derrière elle, Mickey lui pousse les talons pour l'aider à s'extraire, avant de déboucher à son tour dans la terre humide.

Grud a bien calculé son coup, le tunnel donne pile sur un buisson d'épines, qui les abrite de la vue. Mais au moment d'émerger à son tour, Mickey accroche son transistor dans une branche. Des épines le coincent, il n'arrive plus à défaire la bandoulière.

— Non mais laisse tomber, fait Grud. Tu te passeras de tes comptines.

— J'en ai besoin, grogne Mickey.

— Putain, vos gueules ! Vous allez nous faire repérer, s'inquiète Maryse.

— Mais allez, grogne Grud. Lâche-le, ton walkman !

— Allez-y, je vous rejoins.

Les trois se mettent à ramper et enfin, d'un geste brusque, Mickey parvient à se décrocher. Dans la nuit silencieuse, un tube disco commence à cracher ses décibels – la touche « Play » s'est enfoncée dans le mouvement.

— Courez ! lance Mickey.

La musique trahit leur position, un premier coup de feu retentit aussitôt. Ils ne sont pas encore dans la lignée du triangle et sont donc à la merci du *squad* adverse. Grud s'effondre déjà, touchée en plein cœur.

— Gruuuuud ! hurle Maryse.

Sans réfléchir, elle se jette en direction du *squad* ennemi. Elle tire, vise, des flashes zèbrent la nuit dans une confusion totale. Deux drones surgissent, Maryse vise juste. Souleymane la couvre et réussit à abattre un premier adversaire, puis un deuxième. Maryse continue de courir, sauter, ramper, et dégoupille une grenade.

— Yallaaaaahhhh !

Explosion, deux autres concurrents sont mis hors d'état de nuire. Mickey et Souleymane se sont réfugiés contre un *food-truck* de tacos et réussissent à mettre en déroute l'homme-squelette. Soudain, le silence. Tous leurs adversaires sont HS. Quand elle revient vers eux, des herbes plein les cheveux et la joue en sang, Maryse ne leur adresse pas un seul regard. Besoin d'exulter, elle étoile de coups de pieds les vitres du camion, une par une, puis les parois, et explose à coups de poing les stocks de mayonnaise, ketchup et moutarde vidés depuis longtemps.

— *Fuuuuuck !*

Elle a perdu une dent mais elle s'en fiche. Elle rajuste sa veste déchirée, en lambeaux autour des poignets. Son sac à dos dino s'est dégonflé sous l'impact des balles et pendouille mollement. L'air de pas y toucher, la jeune fille en short de bain est une guerrière suprême, capable de décimer à elle seule un *squad* d'élite dès lors qu'elle est habitée par la rage.

— Ils n'avaient qu'à pas éliminer ma copine, crache-t-elle.

Maryse fait craquer ses articulations et se met en route. Souleymane et Mickey lui emboîtent le pas. Elle est leur cheffe naturelle, désormais.

Chapitre 30
Mickey

Dans les pas de Maryse, Mickey se fait tout petit. C'est à cause de lui que Grud a disparu, il le sait. Les eaux du lac sont lisses et étales. La tempête qui menace baigne le tout d'une lumière violette. Difficile de déterminer si le ciel se reflète dans l'eau ou si le lac et le ciel ne font qu'un.

— On va camper là, lance soudain Maryse.

— Mais, on n'est pas du tout planqués, riposte Mickey.

— Justement, lui répond Maryse avec dédain. Comme ça, on pourra voir venir.

— Qui ça ?

— Les prochains qui vont profiter qu'on fait n'importe quoi pour tenter de nous éliminer en deux temps trois mouvements.

Mickey encaisse. Maryse lui en veut, il voudrait mourir plutôt que de croiser son regard plein de reproches. Souleymane leur laisse son sac et part chercher du bois.

Mickey s'affaire tant bien que mal à délimiter le campement, trier les quelques affaires qu'il leur reste tandis que Maryse se taille une pioche en affûtant une pierre au couteau. Quand elle se déchausse brutalement, Mickey prend peur. Elle ne va pas se faire les ongles de pied ? C'est sa pire hantise : le bruit du coupe-ongles qui déchoque, et la vue des orteils d'autrui lui soulèvent le cœur. Ouf, non : Maryse remonte son pantalon et s'avance à mi-cuisse dans l'eau du lac. Elle se débarrasse énergiquement du sang croûté qui macule ses bras, ses jambes. Le regard concentré sur la surface de l'eau, Mickey se demande s'il ne ferait pas mieux de plonger dans le lac, les poches lestées de cailloux.

— Ça fait un bout de temps qu'il est parti, finit par lui dire Maryse.

Mickey n'a pas fait attention mais oui, ça fait longtemps.

— Tu crois que...

Mickey a comme une envie de vomir. Pas à cause des orteils de Maryse, mais bien à l'idée que Souleymane se soit fait surprendre. Pas sans lui avoir dit au revoir... Un craquement leur parvient du sous-bois. Maryse attrape direct sa mitraillette. Mais la silhouette du colosse surgit de la futaie, une cargaison de bûches nouées en bandoulière.

— Soul ! La vache, tu m'as fait peur !

Derrière lui, une autre silhouette s'avance. Une femme sans âge, longue chevelure blond sale, chemisier à fleurs et pantalon pattes d'éléphant. Elle pousse un caddie chargé de quelques bûches, mais surtout d'un arsenal impressionnant. Souleymane n'est pas peu fier de sa petite surprise :

— Carla, je te présente Maryse et Mickey.

— Bonjour.

— Salut.

Souleymane leur explique être venu en aide à Carla face à un duo de combattants passablement frappadingues.

— Des sortes de ramoneurs un peu bizarres, explique Carla.

Elle a un accent québécois à couper au couteau.

— En t-shirts rayés, genre échappés de prison.

— Et ils déchargeaient non-stop, veux-tu.

Mickey tique. Pourquoi s'acharner contre elle ? Pour les armes ? Et quel rapport avec Souleymane ?

— Je pige pas très bien, tente-t-il.

— Qu'est-ce que c'est que tu « piges » pas, mon grand ? s'amuse Carla. Veux-tu que je t'envoie une cassette pour t'expliquer ?

Souleymane s'empresse d'expliquer qu'il y avait déséquilibre. Carla toute seule. Face à quatre combattants.

— Mais attends, ils étaient deux ou ils étaient quatre ?

— Ils étaient quatre. Deux se sont enfuis en voyant Souleymane.

Deux qui abandonnent leur *squad* ? Mickey trouve cela peu crédible, il se tourne vers Souleymane :

— Tu les as *checkés* ?

Souleymane hésite une seconde, Carla enchaîne :

— Bon, tu poses trop de questions, bonhomme. Déjà que ton jogging, là, visuellement, ça m'agresse...

— Confiance, se contente d'asséner Souleymane en souriant à Mickey.

Mais on ne lui enlèvera pas de l'esprit que tout ceci reste louche... Carla déballe des vivres – son caddie est une véritable malle aux trésors – et quand Mickey aperçoit son badge doré, il manque défaillir.

05. Elle porte le numéro 05. !

— C'est ton bracelet ? tente Mickey.

— Ben ouais, pourquoi. Il te plaît pas ?

Les numéros impairs sont réservés aux hommes – sauf Selva, qui fait figure d'exception. Si Perkins était là, il dirait : « Deux options : soit Carla est un homme et elle cache bien son jeu. Soit Carla a volé son bracelet. Et elle ment. Sur toute la ligne. »

— T'es un peu bizarre, comme gars, toi, non ? ajoute Carla.

Mickey sent sa gorge se serrer. L'attaque comme meilleure défense. Elle est en train de faire croire que c'est lui qui a un problème pour décrédibiliser tout ce qu'il pourra dire contre elle.

Règle n° 12 – Avantage psychologique

Fragiliser en faisant croire que l'autre est le méchant.

L'enfermer dans un rôle précis pour que tous ses propos paraissent biaisés.

Carla connaît les règles… Est-elle une infiltrée, elle aussi ? Elle n'est en tout cas pas la « 05. ». Et puis, d'où a-t-elle pu récupérer autant d'armes ? Sait-elle où est la réserve de munitions ? La Québécoise continue sans se préoccuper de lui :

— Les gars devaient savoir qu'il y avait des armes à cet endroit. C'est pour ça qu'ils m'ont tendu un piège et que j'ai voulu protéger le filon.

— En tout cas, tu tombes à pic, se réjouit Souleymane.

— Clair, enchaîne Maryse. On était grave en rade.

— Pourtant, vous m'avez l'air d'assurer tous les deux, fait mine de s'étonner Carla.

Silence. Souleymane et Maryse évitent d'accabler Mickey. Mais c'est à cause de lui qu'ils ont perdu du temps, des vivres, dans un siège et un bastion inutiles... Mickey le sait. Et eux aussi. Carla se fend d'un petit sourire en coin.

— Ah ouais, ok. Je vois...

Journal de bord

Possible usurpation d'identité.

Présence d'un faux n° 05.

Femme.

Quarantaine d'années.

Châtain clair.

Lunettes rondes, corpulence moyenne.

Timbre vocal médium-mezzo.

Mais peut avoir volé son *skin*. Et son badge.

Next

Demande extradition.

Mickey s'est isolé dans son coin « pour faire ses besoins ». Terrible sensation d'être leur paria. Il tente encore une fois d'enclencher son *ghettoblaster* et se prend à rêver qu'on entende enfin ses appels au secours.

Quelqu'un va venir le sortir de ce cauchemar, il veut y croire. Mais comme chaque fois, la touche « REC » reste désespérément rouge... Pas de connexion. Quand il revient, Maryse et Souleymane sont hilares en écoutant les anecdotes que Carla débite au kilomètre.

— Et je tapais comme une maboule, sauf que j'avais un accordéon au bout de ma pioche ! Le truc couinait, j'avais l'impression d'être la reine de la musette !

Et Carla d'imiter le bruit de l'accordéon fou. Souleymane en pleure de rire, et Maryse n'est pas en reste. Mickey se souvient de Yuan. De cette capacité qu'ont certains à faire rire les autres, à les entraîner dans le plaisir et le bonheur. Lui n'aura réussi qu'à faire tuer Grud.

— Je monte un peu là-haut sur le pylône, pour voir, fait Mickey.

— Dis donc, ça m'a l'air d'être un peu ton meilleur ami, ton transistor ? plaisante Carla. Je me trompe ? Hey, *sorry*. Peut-être c'est carrément ton chum ou ta blonde ?

— Mickey rêverait d'être DJ, je parie ! ricane Souleymane.

Première fois que Souleymane se permet une pointe de moquerie. Mickey sent son monde s'effondrer. Il marche quelques pas, le vent s'arrête de souffler. Souleymane, Maryse et Carla parlent à voix basse mais c'est lui qui n'entend plus. Regards en coin, frémissement des narines. Mickey sait qu'on parle de lui. Il a l'impression d'être tout nu. Que des dizaines de paires d'orteils lui chatouillent le nez et qu'il va se liquéfier. Dès qu'il se rapproche, tous se taisent et cherchent visiblement à changer de sujet.

— Non mais c'est bien, lui lance Carla sèchement. Retourne danser.

Mickey ne sait pas quoi répondre. Il a l'impression d'être à la rentrée de Sixième. Seul nouveau parmi tous les ex-CM2 qui se connaissent. Et cette fille, qui le toise et lui dit :

— Je te ferais dire que c'est privé, ici.

Quatre ans de solitude qui commencent… Mickey mûrit sa décision. Il sait bien que les microcosmes accélèrent le temps. Que les tensions, les amitiés s'exacerbent. Mais se faire bannir au bout d'une heure à peine… Pas envie de revivre ça. Jamais. Il part récupérer plusieurs armes dans la réserve. Partage minutieusement en quatre ce qui reste de vivres. Et s'apprête à s'éloigner du camp sans même un regard pour ses amis d'hier.

Un canon de métal glacé vient se coller contre sa tempe – Mickey n'a rien vu venir. Carla le tient en joue, son haleine chargée le dégoûte, dans la nuit.

— *Hep hep hep*. On peut savoir où tu vas, tabernacle ?

— Je vous laisse, je vois bien que je suis de trop.

— Tu vas nulle part.

Mickey tente un premier pas. Carla arme la gâchette.

— T'es là, tu fouines, tu regardes de travers. Et puis qu'est-ce que tu trafiques, toute la journée avec ton transistor ?

— Non mais c'est pas grave, tente Souleymane.

On le sent un peu surpris que Carla la joue gros bras direct.

— Bon laisse-moi partir, OK, implore Mickey.

— Houlà. Tout doux, niaiseux. Tu baisses d'un ton !

— Je n'ai aucun ordre à recevoir de toi !

— Ah ouais, tu les reçois de qui, tes ordres ?

Mickey blêmit.

— Tu n'es qu'une espionne à la solde de C., tente-t-il.

Carla ne se démonte pas, elle reprend direct :

— Ah ça y est, fini de parler « djeuns » pour nous faire croire que t'es cool ?

Mickey frémit. Il se tourne vers Souleymane et Maryse.

— Je suis certain qu'elle a volé son badge. D'ailleurs, elle vous a volés à moi. Son costume, là, et son accent québécois pour faire sympa. C'est pour de faux.

— Et toi ? Ton jogging, ta coupe mulet et ton transistor, c'est pour de vrai, peut-être ?

— Confiance ! hurle Mickey en désespoir de cause.

Maryse s'énerve.

— Confiance de rien, ça suffit à la fin.

Carla saute sur l'occasion :

— Allez, on l'attache.

— Me touchez pas ! rugit Mickey.

Maryse s'approche déjà. Mickey sort ses deux armes et, sans prévenir, lui explose la tête. Sa visière vole, la jeune fille n'a même pas le temps de comprendre ce qui lui arrive. Par réflexe, Souleymane dégaine sa mitraillette et braque Mickey.

— Calme-toi, insiste-t-il.

— Tire-lui dessus, grogne Carla.

Souleymane hésite, mais un regard de trop vers Carla donne la sensation à Mickey que son ami a choisi son camp. Plus qu'il ne peut supporter.

— Après tout ce qu'on a vécu, pleurniche-t-il à l'intention de Souleymane.

Il refuse que leur amitié vole ainsi en éclats. Plutôt mourir qu'essuyer une telle injustice. D'une rafale, Mickey vise à la fois Souleymane et Carla. Dix coups chacun. Carla s'effondre. Puis Souleymane.

Mickey pleure. Mais ils l'ont bien cherché.

Chapitre 31
Selva

Selva et Nour sont épuisées. Des heures et des heures qu'elles tentent de fuir sans savoir vers quoi, pour qui. À quoi bon survivre au milieu de rien, sans savoir si d'autres survivront aussi. Ni même si l'« autre » monde existe encore. La tempête les frôle, elles pressent le pas mais se sentent toujours à deux doigts d'être englouties.

— Ça me brûle de l'intérieur, se plaint Nour.

— De quoi ? chuchote Selva.

— Je la sens en moi, la tempête, comme si tout se bousculait.

« L'inversion des pôles, songe Selva. Elle est là. »

Tout s'inverse. La lumière bleu-violet brouille leur regard et Selva trébuche. Elle se retourne. Un corps ! Elle vient de buter contre un corps. Selva s'écarte en rampant, vite. Le corps a encore son badge. Sa peau est noire, son corps musclé. Selva pense divaguer, elle croit reconnaître Perkins et s'approche. Mais non. L'homme porte un t-shirt orange et un bandeau dans les cheveux. Elle vérifie son *shield* à son bras – n° 51. Ne subsiste qu'une infime part d'énergie, la poitrine se soulève lentement. L'homme agonise... Selva sent la lassitude l'envahir, elle veut appeler Nour mais celle-ci n'a rien vu. Elle est tombée à son tour, recroquevillée, les bras autour des genoux, elle inspire toujours plus rapidement, Selva la rejoint tant bien que mal et entend son souffle qui s'épaissit, l'asthme revient.

— Viens, fait Selva.

Nour hoche la tête. Son visage est baigné de larmes, de pluie, on ne sait plus. C'est la fin, elles le savent. La tempête est sur elles. Déjà Selva sent son corps imploser de l'intérieur, son énergie s'affole, baisse à grands pas. Elle ferme les yeux pour oublier les gouttes qui lui tombent dessus et la brûlent. Le temps s'éteint et Selva repense à la geôle, toutes ces années, à attendre le bon moment pour fuir.

Tout ça pour ça.

Elle revoit le départ, l'accident, la silhouette du bus en flammes qui s'éloigne au-dessus d'elle tandis qu'elle plane vaillamment vers l'océan. Selva repense à Perkins, aux blagues de Yuan, à ses mitaines. Et puis

Walid, son corps, Nour, la douce odeur de ses cheveux. Et leur quête de ventoline. D'autre chose. D'un monde meilleur. Tant de joies, de peines et d'aventures depuis le début. Selva sourit. Elle a goûté à cela, c'était doux, c'était bon. Et il est trop tôt pour tout abandonner. Elle veut encore sentir la peau chaude d'un ami, son sourire, le cœur qui palpite de savoir ce qui advient. Selva rouvre les yeux. Nour succombe déjà à la tempête qui la vide – le vent fait rage de toutes parts. Selva la secoue, elle veut la sortir de sa torpeur.

— Nour, réveille-toi !

Mais son corps se tord. Selva la secoue mais déjà des drones arrivent – son *shield* est à zéro ! Selva refuse, elle se lève et attaque à coups de pioche ces saletés qui veulent lui enlever Nour. Elle tape encore et encore mais trébuche, épuisée. Un drone en profite pour agripper Nour et l'emporter. Sans même que Selva ait eu le temps de lui dire au revoir. Horrifiée, elle se dresse, ouvre les bras en croix et défie la tempête, les bras grands ouverts :

— Prends-moi !

Un éclair plus violent que les autres illumine tout, autour d'elle. Il fend la ville par-delà le lac et, deux secondes plus tard, un tonnerre terrible couche Selva au sol. Quand celle-ci relève la tête, elle sent la pluie qui s'éloigne, la tempête recule. Comme si elle n'osait la défier. Selva s'allonge et inspire, expire, longtemps, elle sent ses forces qui reviennent. Déchirée par le chagrin, elle trouve la force de hurler à la nuit. Son cœur est sombre et sa haine infinie. Elle déteste ces hommes qui lui ont pris Nour, Walid et tous les autres.

Ils ne gagneront pas. Pas après ce qu'ils ont fait. Selva se le promet. Elle trouvera les survivants un par un et fera de leurs derniers instants un enfer.

Chapitre 32
Perkins

J'avance le long de la côte, les vagues s'écrasent violemment contre la falaise. Inexorablement, l'eau gagne du terrain. À ce rythme, elle pourrait engloutir l'île d'ici dix ans. Survivre, mais en sursis, donc. Deux options. Soit errer sans fin sur un radeau. Soit résister vainement sur un lopin de terre qui rétrécit jour après jour… Tu parles d'un avenir…

Derrière l'endroit où le terrain amorce une descente, comme si la falaise plongeait à pic, je débouche sans crier gare sur la zone désertique. Immense étendue ocre et jaune, qui oscille entre le Grand Canyon et les pires heures de Dubaï. Passer d'une oasis de verdure à un désert aride est ridicule. Je croise même des diplodocus en carton-pâte, plus rien n'a de sens.

— C'est pour brouiller nos repères, me glisse Yuan.

Mais il n'y a personne, que sa voix dans ma tête... Je me concentre. À progresser trop vers le sud, je risque de me retrouver à court d'eau et puis, jamais Selva ne se serait aventurée dans un tel désert. C'est absurde. Elle me guette en milieu tempéré, j'en suis certain. Au bas d'un poteau téléphonique effondré contre une buvette, et raccordé à aucune ligne, un message s'accroche au vent, griffonné à la va-vite.

La LIGUE des gentils de l'univers.
Rendez-vous

Je renifle le papier, l'encre semble fraîche encore. D'un peu de salive, je mouille mon doigt et le passe doucement sur les mots « Ligue ». L'encre s'estompe un peu, maculant le papier d'un voile mauve semblable à celui qui enveloppe l'île la nuit. Ce papier est récent. Je le retourne. En petit, en bas à droite, des oreilles de souris.

MICKEY ! C'est Mickey, qui a signé ce papier ! Il est vivant ! Qui sait, peut-être m'attend-il déjà avec Selva ! Je déplie ma carte. Mickey est rationnel, la fantaisie n'a aucune prise chez lui. Je convoque mes neurones. Le lac ! Au cœur de la carte. Évidemment, c'est là qu'il se sera réfugié. L'eau douce, la ville, l'éloignement de la tempête... C'est la solution raisonnée. Dans ma main, le papier tremble mais déjà je m'avance vers les montagnes de l'ouest. *La Ligue des gentils...*

— Il est vivant ! je hurle. Il est vivant !

Je guette chaque pylône, chaque recoin en quête d'un autre papier. Sous un coffre, j'en aperçois un qui volète au vent. Mais vierge, cette fois ! Qu'importe.

— Il est vivant ! je hurle de plus belle.

Je presse le pas. Je soupçonne la tempête de vouloir s'agiter à nouveau, tout peut se jouer à quelques minutes. Je marche, je vole vers Mickey et, qui sait, Selva. Quand enfin à l'horizon, par-delà les tours de la ville haute qui surplombe l'île, une rase lumière pointe, baignant d'une brume lumineuse les prairies, les maisons, les carcasses de voitures qui jonchent le chemin, je comprends que je suis parvenu à destination.

Au milieu d'une immense clairière, une tour de verre se dresse. Tout en haut, une sorte de paratonnerre semble vouloir défier le ciel.

Chapitre 33
Mickey

Pour se donner du courage, Mickey caresse le badge de Souleymane qu'il porte en pendentif – 04. Souvenir de ce que son *squad* a été avant que cette saleté de Carla anéantisse l'espoir. Son accent québécois. Son costume. Carla était une espionne, ça ne fait pas un pli. Mickey a vérifié son fichier, qui répertorie les combattants présents sur l'île. Rien ne correspond. Elle a dû bazarder toutes les infos au QG – c'est pour cela qu'elle n'arrêtait pas de le taquiner avec son émetteur. Ou alors, elle s'était déguisée pour qu'on évite de la repérer. Quoiqu'il en soit, la Base le teste encore et toujours et s'obstine à maintenir le silence radio. Mais Mickey refuse, il n'a pas signé pour ça. On l'a missionné pour exécuter les ordres. Point. Il n'a pas vocation à servir de cobaye. Il veut du noir, du blanc. Du binaire et de l'ordre établi, du tangible. Les premières gouttes de pluie qui lui lavent l'oreille le font sortir de sa torpeur. La tempête. Elle revient !

Elle va l'engloutir, Mickey le sait. Il rassemble ses affaires et avance, sans autre but qu'échapper à pire encore que ce qu'il vit déjà. Tout en poussant le caddie de Carla, arsenal de munitions qui pourrait faire péter la moitié de l'île, il marche à l'opposé de la tempête. Mais celle-ci se rapproche de toutes parts, Mickey sent que son espace disponible se réduit. Il faut trouver une porte de sortie, vite. Dès qu'il aperçoit un bâtiment, il se précipite, dans l'espoir d'y trouver un indice, quelque chose qui le renseigne sur les moyens d'échapper à ce cauchemar. Chaque fois, il repart déçu.

— Sortez-moi de là, murmure-t-il au vent.

Dans sa tête, les voix et les images se bousculent. Rien ne fait sens, la tête de Grud et celle de l'Enrôleur, à la sortie de sa remise de diplôme, se confondent. Même les visages de son *squad* surgissent du néant, avant de s'évanouir dans le souffle de la tempête. Mickey voudrait les tuer, tous. Faire disparaître leur image. Il leur en veut de l'avoir abandonné. À quoi sert d'être utile si personne ne compte plus sur vous ?

Au détour d'une bergerie, Mickey se retrouve nez à nez avec Grud et Carla. Enfin, plus précisément, avec une jeune fille des montagnes autrichiennes et une autre au visage vert zombie, qui leur ressemblent comme deux gouttes d'eau : il tire, il les déteste autant l'une que l'autre. Les corps s'effondrent. Après coup, Mickey n'est plus très sûr que les visages soient les leurs. Qu'importe. Il continue en direction d'un groupe d'immeubles que surplombe un paratonnerre. Plusieurs combattants sont alignés sur le toit d'un immeuble de briques adjacent, et se tiennent la main, leurs armes à leurs pieds. Une cosmonaute verte, un clown, un judoka, un détective. On se croirait au bal masqué des damnés. Un plongeur sous-marin, une lapine et un sauveteur en mer les accompagnent. Il y a même un serveur de *fast-food*. Dans la tête de Mickey, comme un tilt. Et s'il ne restait plus qu'eux ? Et si c'était eux, les derniers survivants ?

Il n'en restera qu'un. C'est la règle. Mickey comprend qu'il peut très bien être celui-là.

S'il reste seul, dernier vivant sur l'îlot, alors, la Base le sauvera, elle n'aura plus le choix. Il sera le héros ! Mickey fouille le caddie à la recherche d'explosifs. L'arsenal est fourni, Mickey s'avance vers le bâtiment. Certains combattants le suivent du regard avant de vite le replanter vers le ciel. C'est de là qu'ils attendent l'espoir. Ce qui se passe sur l'îlot ne compte plus. Ils sont comme lui, ils veulent en finir. Peu importe l'issue. Tout sauf passer leur vie à se demander combien de temps ils vont survivre. L'imminence de la mort est insupportable.

Mickey installe les explosifs un par un sous le bâtiment. Il les coince dans les parpaings, en enroule de fils électriques, agence le tout soigneusement pour décupler les effets de l'explosion en provoquant des réactions en chaîne. Puis il grimpe sur l'immeuble au paratonnerre, son *ghettoblaster* et son détonateur en mains. Il veut attirer l'attention. Il veut ouvrir une faille dans la bulle qui lui permette de sortir de là.

Perchés sur leur toit, les zombies le regardent faire, impassibles. Mickey démarre sa musique pour se donner de la force. Il pousse le volume à fond, tant mieux si on le repère, c'est le but. *La Chevauchée des Walkyries* résonne, les cuivres lui donnent du courage et la force de braver la tempête, la Base, les éléments. Plus personne ne bouge. Tous sont fatigués. À bout, ils attendent la tempête. Comme une secte du dernier jour qui choisirait de se suicider. En transe, portée par la musique.

L'orage se déchaîne, les éclairs s'abattent de toutes parts. *La Chevauchée des Walkyries* atteint son dernier mouvement. Tout en haut du paratonnerre, Mickey est prêt, il tire dans tous les sens pour attirer l'attention, sensation que ses frappes excitent la tempête. Un corps tombe, emporté par un drone, Mickey vise la machine, le corps s'écrase cinquante mètres plus bas. Créer le maximum de raffut, déchaîner les éléments et défier le temps. Il embrase l'immeuble de briques à coups de roquettes, il hurle en même temps que les Walkyries, il agite les bras comme un sémaphore fou.

Et quand, enfin, Mickey sent que le monde entier a les yeux rivés sur lui, sur eux, l'îlot, il appuie sur le détonateur.

Chapitre 34
Perkins

— Le vent se lève, me prévient Yuan.

Ce n'est pas seulement le vent qui se lève, c'est soudain toute l'île qui semble avoir compris que la dernière ligne droite commençait. Un immense coup de tonnerre retentit, un gémissement venu du sol balaie la clairière et dans un mouvement ineffable, la lumière irradie de partout. Tout en haut du paratonnerre, un pantin s'agite – est-ce Mickey ? J'en ai peur. De son *ghettoblaster* sort un son formidable, tandis qu'il sème des grenades, des roquettes qui explosent bruyamment ici et là. Dans l'épaisse fumée, jaillit du Wagner, musique grandiose et crépusculaire.

— *La Chevauchée des Walkyries*, je murmure.

Comme l'impression de me faire déposséder d'une part de moi. La musique gronde, grandiose, les explosions s'accumulent et je vois Mickey singer de grands gestes, du haut de sa tour, en transe, deux mitraillettes à la main, je ne sais même pas s'il tire contre les gens amassés sur l'immeuble adjacent, en l'air ou contre la tempête.

— Il est perdu, me souffle Yuan.

La voix a raison. Cette scène ne rime à rien. Cette musique, je sais ce qu'elle me rappelle. *Apocalypse Now*. L'effroyable scène où plus rien n'a de sens, et des enfants sont massacrés sans raison. Vision apocalyptique de la fin du monde – mais tout ceci n'a rien d'un film. Aucun vainqueur ne peut sortir indemne d'un tel carnage. Là-haut, Mickey – car c'est bien lui – monte le son et hurle face au ciel, il agite toujours frénétiquement les bras. Un drone vient pour enlever un combattant – sa silhouette vacillante dans la brume me glace le sang. Mickey tire sur le drone et le corps s'abat plusieurs dizaines de mètres plus bas. La musique enfle et une autre scène de film me revient en mémoire, comme un flash, *King Kong*. La bête, perchée là-haut, qui lutte mais sait qu'elle va mourir. L'ultime désespoir… Les hélicoptères de la chevauchée, *Apocalypse Now*, James Dean qui ne sait plus à quoi sert de vivre… Tout se mélange dans ma tête, tous ces films que j'adore et qui se confondent au milieu de l'île.

Soudain, la déflagration. Un souffle d'une puissance folle nous couche à terre, Yuan et moi. Et une gigantesque déferlante de terre se rue vers nous.

— Bouge ! je crie.

Tout sauf nous laisser ensevelir. J'avale de la terre, des cailloux me meurtrissent le dos mais je m'agite sans cesse et nous restons debout, la tête protégée par nos bras. Quand la pluie de terre s'arrête enfin, nous en avons jusqu'à mi-cuisse. Allongés, nous serions ensevelis. Derrière nous, un champignon de débris et de poussière est figé dans l'air. Je doute fort qu'il y ait des rescapés.

— À ce rythme, il ne va rester plus que nous, se réjouit Yuan.

Je la regarde, interloqué. Et c'est comme si son visage disparaissait.

— À ce rythme, il ne va plus rester que moi, je dis.

Yuan résiste, son image veut perdurer, mais je la sens qui s'en va. Je pense aux autres, ailleurs, qui eux aussi auront entendu l'explosion. Ils seront attirés par ce carnage, le goût du sang, à se dire que la fin est proche. Tous vont devenir fous. La tempête forme des cercles concentriques, elle se referme sur nous, comme un siphon qui se vide. Devant moi, un cloaque marécageux s'étire à perte de vue. L'odeur est pestilentielle – des œufs pourris depuis des siècles. Je me relève et m'avance, décidé, vers les premières flaques. Une voix dans ma tête hésite :

— Les marais.

C'est moins praticable, je sais. Mais au moins on ne risque pas d'y croiser grand monde.

— Tu avais dit ça pour la forêt. On a vu le résultat.

La voix a raison, j'avais dit ça pour les forêts et ça a mal fini. Mais je n'ai plus le temps de tergiverser :

— Bon, tu viens, je dis.

— Deux options, répond la voix. Soit on meurt enlisés dans des sables mouvants, doucement mais sûrement.

Mais sereins…

— Soit…

« Soit quoi ? » ai-je envie de demander à la voix. Mais la voix n'existe pas.

— Soit je suis déjà morte, auquel cas, ça ne change rien.

Au mot de « morte », je m'arrête. Mes jambes flageolent. Comme si tout s'écroulait tout à coup. Yuan, morte… J'avance un pas en réprimant une montée de larmes. Ma jambe s'enfonce dans la vase. Je murmure :

— Tu viens, dis. S'il te plaît.

Mais je sais que Yuan n'est plus. Je prends appui et je projette la seconde jambe. L'eau me monte aux genoux. Quand a-t-elle disparu ? Dans le bus ? Après ? Je ne sais plus. J'ouvre la paume vers le ciel, l'image de Yuan se confond avec la poussière ambiante. Je ferme les yeux. Les rouvre. Yuan n'est plus là. Je le savais. Mais je refusais de le voir. Yuan est morte. À mesure que j'avance, je répète ces mots, à voix haute. Yuan est morte. Et Mickey, aussi. Et Selva. À quoi bon survivre, si on est seul. Je continue de progresser, lentement. Sans savoir pourquoi j'avance, sinon me laisser engloutir par le marais ? Chaque pas m'oblige à assurer mes appuis, à vérifier que mes pieds ne s'enfoncent pas trop. Trois fois, déjà, j'ai vacillé. Ma combinaison est maculée de boue, mes pieds font *flac flac* à chaque pas. Mais j'avance.

Je sens la faim qui me tenaille, je n'ai plus rien dans mon sac et je refuse d'ingurgiter une fiole. Je les soupçonne de nous empoisonner et de nous rendre fous. Comme si on nous droguait pour nous faire croire à l'illusion. Tous ces repères brouillés, le temps qui n'a plus prise. Un mini sifflement perturbe mon tympan, un acouphène, l'explosion a été immense. Le sifflement insiste. Comme un grésillement, plutôt.

Un moustique ?

Impossible, pas de vie animale naturelle, on a dit. Le bourdonnement – car c'en est un – persiste, pourtant. Une hallucination ?

— T'entends ? je demande à Yuan.

Mais Yuan ne répond rien. Yuan. N'existe. Plus. Le chuchotement continue, machinalement, je me claque l'oreille de la main, pour faire disparaître le bruit. J'attends. Et c'est là que je le vois, gros, noir et avide. Un moustique, c'est bien un moustique. Qui m'aspire le sang ! Je l'explose du plat de la main gauche. Est-ce qu'il y aurait une faille dans la coupole ? Une échappatoire ? Yuan me manque, j'ai besoin de discuter.

— Tu veux mon avis ? je prononce à voix haute, en imitant maladroitement la voix rieuse de Yuan.

Je hoche la tête.

— Plus personne ne contrôle rien. La tempête, la bulle, les failles. Il n'y a plus aucune logique.

— C'est-à-dire ?

— L'inversion des pôles n'est plus une utopie. Au dehors, elle est là. Et bien là.

— On nous aurait prévenus.

— Pas s'ils sont tous morts.

J'enregistre l'hypothèse. Et je vois le visage de Yuan flotter devant mes yeux. Elle affiche un air dur, que je ne lui ai jamais connu :

— Dehors, tout le monde est mort. Nous sommes les derniers.

La conversation est close.

Je me remets en marche, la pensée obscurcie par tout ce qui se fracasse dans ma tête. Les Walkyries, le moustique, et ces drones, qui ne savent plus où ils volent. Le ciel, aussi. Violet, désespérément violet. Je repense aux décors de cinéma. Ces impressions de déjà-vu, comme si ma vision était une construction mentale, née de mes rêves ou de mes pires cauchemars. Mon regard se brouille. Les émanations du marais floutent tout et je dois redoubler d'efforts quand je pose le pied, réfléchir à la distance, chaque effort me devient pénible. Je passe la main sur mon front, elle est trempée. Des gouttes perlent dans ma nuque, j'ai froid, j'ai chaud, je frissonne.

Rien ne dit que j'avance dans la bonne direction. Le marais semble vouloir m'engloutir de sa puanteur, les lianes flottent, gluantes et visqueuses à la surface. J'avise un monticule et me hisse péniblement sur la mousse. L'odeur d'humus est forte. Je m'affale de tout mon long. J'ai la sensation d'étouffer, je déclipse mon harnais et je reste là, les bras en croix, submergé de fatigue et de fièvre.

Le bourdonnement… Est-ce que le moustique m'a transmis quelque chose ? Ici, tout va si vite, le temps semble ne plus exister. Son virus est peut-être fulgurant. Mes pieds s'engourdissent, mes orteils sont si froids que j'ai l'impression qu'ils se détachent de mon corps. « Alors c'est à cela que ressemble la fin ? » me dis-je. On se bat, on parlemente, on tente de survivre par tous les moyens. On en aide d'autres. Et une simple piqûre de moustique vient anéantir tous ces efforts. Lentement, je sens la vie quitter mon corps. Comme si ma peau se détachait lambeau par lambeau. Inexorablement.

Qui sait combien de temps cela va durer ? La nuit tombe et la surface de l'eau se couvre de petits feux violacés. Des feux follets. Comme dans les marais de mon enfance, en Louisiane. Simples émanations de méthane qui s'enflamment subrepticement.

J'entends mon souffle lourd, chaque inspiration. Impression de saleté dans la bouche, comme si mon corps se putréfiait de l'intérieur. Je ne veux pas mourir. Pas comme ça. J'étends la main sur le côté et, à tâtons, je vide mon sac. Dans un effort immense, je farfouille parmi les badges, je devine les dessins. Je n'aurai pas compris ce qu'ils me disent… Mais il n'y a plus rien à comprendre.

Mon briquet. Voilà ce que je cherche.

Plusieurs fois, je frotte la pierre pour l'allumer. Enfin, une flamme se forme. Je coince la sécurité. Je pense à Mickey, à Yuan. Et à Selva. Monstrueuse sensation d'être responsable de ce qui arrive. Plus que je ne peux supporter.

Je pose le briquet sur une feuille et je le laisse dériver à la surface de l'eau. La flamme lèche la feuille, elle grandit, grandit, et bientôt la surface du marais s'enflamme à son tour. Le méthane s'embrase, tout autour de moi n'est plus qu'un immense feu follet. Je ferme les yeux. J'entends les flammes danser et je me laisse bercer en attendant que ce nuage toxique m'endorme à mon tour.

Chapitre 35
Mickey

La déflagration emporte tout. La terre se soulève, les corps rugissent et Mickey n'entend plus rien. Les vitres explosent sous la pression, lui-même s'accroche à bout de forces au pylône pour ne pas tomber cinquante mètres plus bas. Ses tympans se bouchent, ses yeux pleurent et tous ses muscles se contractent. Mickey ressent l'explosion jusqu'au plus profond de son âme.

Quand, enfin, le nuage retombe, Mickey n'a plus sous les yeux qu'un cratère dévasté. Tous les bâtiments ont disparu, la ville, les combattants n'existent plus. Mickey lève les yeux au ciel. Aucune faille. Rien que la même enveloppe violette, percluse de tempête.

Il n'en restera qu'un. Il est celui-là.

« C'est fini ! » a-t-il envie de hurler.

Wham 84 appelle La Base.
Wham 84 appelle La Base.

La Base va venir, il n'y a plus rien à faire ici. Mickey patiente, mais rien ne vient. Puis, très doucement, d'abord comme imperceptible, commence à monter un râle infini, venu du tréfonds de la Terre. Les autres combattants n'ont pas disparu. Ils sont ensevelis sous les décombres. À l'agonie. Leurs cris sont inhumains, douleur incroyable, et Mickey a cette sensation de se fondre en un seul et même cri, qui envahit son cerveau. Il n'ose plus bouger de peur que les zombies qu'il a semés sur sa route ne le rattrapent pour se venger. Il ne sait plus si c'est le jour ou la nuit. Si l'eau ruisselle du ciel ou si la terre se liquéfie en humidité violette qui imprègne tout, les corps, les âmes.

Le temps s'efface et Mickey s'accroche au ciel, guettant la faille. Désespérément.

Seul dans l'immensité de la nuit, s'insinue en lui cette idée nette et précise que l'éternité commence. Qu'il est seul. Celui qui reste. Sans autre but qu'attendre. Qui ? Quoi ? Il ne sait pas. Au loin, des lueurs éclosent. Comme des flammes qui s'agitent et lui brûlent la mémoire. Les images s'effacent une à une de son esprit, envahies par ces flammes. Qui s'unissent pour n'en devenir qu'une, gigantesque, qui illumine tout.

La lumière... Là-bas, les flammes gagnent en intensité ; elles embrasent le ciel, lueur d'espoir qui signale peut-être la faille... Avec précaution, Mickey descend de l'immeuble. Il navigue parmi les décombres et les corps inertes. Et s'avance vers cette lumière, il court vers elle, maintenant, il veut s'y noyer et s'y fondre tout entier.

Chapitre 36
Selva

La nuit est partout, ce n'est pas un problème pour Selva, au contraire, c'est même un atout. Elle guette, épie et s'applique à terroriser tous ceux qu'elle croise. Dans un supermarché désaffecté, elle débusque un duo de combattants qui se sont réfugiés. Elle se faufile dans une rampe d'aération et susurre doucement :

— Ouhouhouh.

— C'est quoi ? demande le premier.

— Je sais pas, lui répond une voix de femme.

— Bon, arrête de vouloir me faire peur, j'en peux plus, là

— Ouhouhouh...

— Putain, je vais devenir fou, là.

Un coup de poing sur la tôle. Tout qui résonne et la voix, encore :

— Mais arrête, c'est pas drôle.

— Mais puisque c'est pas moi, je te dis !

Selva se déchaîne, elle fracasse la tôle, crie à pleins poumons :

— Ouhouhouh...

Le duo panique, s'énerve, croit devenir fou de tout ce bruit, ces cris, cette menace invisible. Selva jubile, elle les aura, elle a promis. Elle continue de pousser ses cris, de faire résonner les entrailles du supermarché. Dans l'obscurité, les voix paniquent, l'homme reproche à la fille de vouloir lui faire peur, il s'emporte et enfin, Selva entend ce doux bruit : un coup de feu. L'un des deux a tiré sur l'autre. Le ronronnement d'un drone arrive, puis une fille coiffée d'un bonnet s'éloigne dans les airs, baignée d'une lumière bleue. Le drone semble en difficulté et décide de lâcher prise pour reprendre de l'altitude. L'homme est terrifié, et Selva profite du noir pour descendre dans les allées du supermarché et poursuivre son petit jeu. Faire tomber les marchandises des rayons, murmurer lugubrement dans la nuit :

— Ouhouhouh...

Pour que l'homme pense que le fantôme de la jeune fille qu'il vient de tuer le poursuit. Selva l'entend qui court, sa panique est totale. Elle le poursuit de son chant et, à bout, son cœur près de lâcher, il se fracasse de lui-même contre le mur. Le choc est violent, l'homme hurle. Puis son cri se transforme en râle terrifié, et un drone éclaire sa silhouette de footballeur américain. Et de deux.

Ailleurs, les combats se poursuivent, une énorme explosion retentit, qui souffle toutes les vitres du supermarché puis, assez rapidement, des mitraillettes crépitent à nouveau. Qui sait combien ils sont, encore, dans cette zone qui se resserre. Selva s'amuse, elle joue à faire peur et creuse des traces en forme de pas géants, manière d'accroître l'angoisse. La nuit, elle se faufile, fait signe à un combattant, puis plonge pour qu'on la suive, sous l'eau. Mais elle nage longtemps, en apnée, sans bruit. Et ressurgit soudain derrière son adversaire. Fébrile, l'arme à la main, celui-ci n'a en général pas le temps de la distinguer que déjà elle l'assomme, ou le mord à la glotte. Déjouer les règles... Telle est son nouveau mode opératoire. Alors qu'elle laisse pantelante une fille à t-shirt licorne arc-en-ciel, dont elle vient de saccager le bras, elle entend qu'on accourt. Ils sont plusieurs, mais elle n'arrive pas à savoir où ils sont.

— C'est la Bête, c'est elle !

— Tuez-la.

La Bête ? Selva court et se réfugie dans les arbres, là où personne ne pensera à venir la chercher. Elle les entend qui la pistent et tirent dans la nuit. Une battue a été organisée. Selva sent que son espace se restreint, sensation connue d'être traquée. Au lieu de se concentrer sur la tempête, ils considèrent qu'ils ont une proie à abattre. Comme si la tuer allait les sauver, eux.

« Tant mieux, pense Selva. S'ils oublient de survivre, ils disparaîtront. »

Chapitre 37
Mickey

Perkins s'éveille, secoué dans tous les sens. Il est en boxer et le froid lui dévore la peau. Il sent un va-et-vient parcourir son corps. Est-ce que c'est ça, la fin ? Tous vos muscles qui tressautent, qui luttent ? Quand il ouvre les yeux, Perkins se demande s'il ne délire pas. Penché sur lui, un visage reconnaissable entre tous : cette moustache, ce blond improbable, ces lunettes fendillées...

— Mickey ? murmure-t-il.

Oui, c'est Mickey qui s'agite à le frictionner comme jamais à l'aide d'une serviette d'eau glacée. Quand il entend la voix de son compagnon, le visage de celui-ci s'éclaire :

— Oui, Perkins, reviens avec moi. Voilà.

Il redouble d'efforts et frotte, frotte encore. Perkins se laisse faire, la chaleur se diffuse et lui fait du bien. Au bout de plusieurs minutes, Mickey pose la main sur son front. La fièvre baisse, c'est bon signe. Il allonge Perkins sous une couverture et, régulièrement, lui éponge le front pour diminuer la sueur. Quelques heures et Perkins reprend suffisamment ses esprits pour écouter Mickey lui raconter comment il l'a retrouvé.

Cette lueur aperçue du sommet de l'immeuble n'était pas une faille, c'était la flamme des marais. Quand Mickey a compris que le brasier n'avait rien d'une échappatoire, il a d'abord hurlé sa souffrance. Sensation d'abattement inimaginable. Puis il a aperçu cette silhouette, qu'il a reconnue malgré la distance. Au milieu des flammes, le corps de Perkins flottait sur un monticule, inerte. Atmosphère irrespirable, les flammes gagnaient de partout et les vapeurs de carbone et de méthane n'allaient plus tarder à avoir raison de lui – s'il n'était pas déjà trop tard. Mickey a déplié son deltaplane et profité de l'air chaud pour surfer. Perkins gémissait doucement, Mickey a arrimé tant bien que mal son corps lourd puis est venu se poser plus loin, dans une lagune protégée des flammes par une épaisse rangée de taillis et de buissons.

L'odeur reste forte, mais ici, personne ne viendra les chercher. Il y aurait tant à se dire mais Mickey préfère rester évasif. Oui, il est passé entre les mailles du filet. Oui, c'était bien lui, le message adressé à la Ligue des Gentils de l'univers. Mais non, il n'a rien fait d'autre que les chercher, sans relâche.

— Vous êtes mon *squad*, ment Mickey. Il n'y a que ça qui compte.

Mickey pense surtout que seul Perkins peut désormais le sortir de là. Pas le temps de s'appesantir, des grondements retentissent.

— C'est la tempête ? s'inquiète-t-il.

— Des coups de feu, plutôt, blêmit Mickey.

D'autres combattants subsistent donc. Ça n'en finira jamais.

— On fait quoi ?

— On peut rester ici, suggère Mickey. Le gaz nous protège.

— Pour être à nouveau piqué par un moustique ? conteste Perkins. Trop dangereux.

— Tu es certain de ne pas avoir rêvé ?

— Je sais qu'il n'y a logiquement pas d'animaux sauvages...

Mickey tique, Perkins n'est pas supposé savoir ça. Il le coupe :

— Qui te l'a dit ?

— Personne, concède Perkins. Mais je le sais. Intimement. Comme si c'était gravé au fond de ma mémoire.

Mickey cogite et recoupe les éléments. Est-ce que Perkins est un espion ? Dans ce cas, pourquoi l'avoir balancé dans le même bus que lui ? Ou alors, c'est lui, l'Instigateur ? Des rumeurs ont couru, des rumeurs courent toujours, rien n'est vrai, tout est flou. Qui disaient que la nouvelle session était pensée par un être supérieur. Capable de prévoir toutes les erreurs d'analyse pour rendre la situation plus vraie que nature – et donc valide pour l'expérience d'anticipation. Mickey sonde le regard de Perkins, il semble sincère. Est-ce qu'il aurait choisi d'effacer un pan de sa mémoire pour pouvoir participer lui aussi ?

Les grondements reprennent.

— Ça se rapproche.

Mickey dégaine des jumelles. Une fille coiffée d'un chapeau de feutre et sa copine défoncent tout ce qui bouge. La seconde arbore une tenue phosphorescente dont les bandes réfléchissantes dessinent des éclairs quand ils prennent la lumière. Incroyable qu'elle ait survécu jusqu'ici sans se faire repérer. Perkins lui attrape les jumelles des mains et observe à son tour.

— Faut qu'on les neutralise. Elles doivent avoir des vivres.

— Tu veux pas rester là, plutôt ? Tranquille.

— Ici ?

— Oui. Le méthane nous protège, personne ne viendra nous chercher.

— Et quand la tempête sera sur nous ? Tu feras quoi ?

« On se laissera emporter, pense Mickey. Et on sera bien, pour l'éternité. Toi et moi. » Perkins devine ses pensées et répond immédiatement, en se levant :

— C'était bien la peine de venir me sauver, tiens. Allez zou, on y va, s'il te plaît.

Perkins déploie déjà le deltaplane de Mickey :

— Accroche-toi !

Pas le temps de réfléchir, Perkins s'élance et Mickey a juste le temps de s'accrocher. Ils se dirigent pile en direction des casseuses, au grand dam de Mickey :

— Mais elles vont nous voir.

— C'est le but, s'amuse Perkins.

Dès qu'elles aperçoivent le planeur, les deux filles s'arrêtent, en effet. Un temps – surprises sans doute de trouver encore des combattants – puis elles courent dans leur direction, pioches à la main, prêtes à en découdre. Perkins déporte le delta et Mickey sait ce qu'il lui reste à faire. Les éliminer, à bout portant, sans réfléchir. *Boum*. Une fois. *Boum*. Deux fois. Les deux filles s'effondrent... Redescendus à terre, Perkins et Mickey se dépêchent de piller leurs sacs – absolument vides. L'une des deux trouve la force de ricaner bêtement, heureuse d'en finir, et persuadée que les avoir tuées ne leur servira à rien. Elle murmure :

— La bête vous aura de toute façon...

Chapitre 38
Perkins

Sous ses airs de mascarade, j'ai peur que l'îlot n'ait en réalité plus rien d'un jeu. Yuan est morte. Je me souviens de sa jambe en bouillie. Les drones ne passent plus, la tempête est partout. Et que dire du moustique ? Et la mouette que j'ai vue dans le bus ? Peut-être qu'une faille dérègle l'enveloppe, et plus rien n'est sous contrôle ? Si ce qui nous arrive est réellement l'apocalypse, alors deux options. Soit s'unir pour survivre. Soit chacun pour soi. Mon cœur me porte vers la première solution. Mais Mickey ne me facilite pas la tâche : il est difficilement contrôlable, lui aussi. Tout ce qu'il fait va à l'encontre des règles élémentaires de survie. Comme s'il cherchait à provoquer la fin.

À la sortie des marais, un *squad* de trois filles arrive ainsi dans notre direction. Pas l'air commode : une sous un masque noir agressif, une autre en combinaison camouflage gris et lunettes laser, et enfin une sorte de droïde argentée. Clairement, ça sent l'embrouille – elles n'hésiteront pas une seconde à nous zigouiller. Mais Mickey veut les saluer comme si de rien n'était « pour éclaircir leurs intentions ». Je dois l'empoigner par le col du jogging pour le planquer à l'arrière d'une berline et lui faire signe de se taire : autant se jeter dans la gueule du loup. Tandis qu'elles s'approchent en donnant des coups de pioche autour d'elles, nous retenons notre souffle, à raison. Et pile devant la voiture, l'une d'elles déclare subitement :

— Pause ! J'ai une crampe.

— Pas au cerveau, à mon avis.

— Ah, ah, bouffonne, va. Non, au mollet.

— Alors faut tirer sur ton orteil mais à l'envers.

— Tu veux pas que je fasse l'hélicoptère en même temps ?

— C'est un secret de grand-mère, vas-y, je te dis !

Bulle de bonne humeur. Je pense tout de suite à Yuan. Nous sommes allongés sur une banquette de Cadillac, ma main plaquée contre la bouche de Mickey, et nos trois combattantes de l'extrême – elles ont quand même réussi à survivre jusqu'ici – papotent tranquillement :

— Si on tombe sur elle, on fait quoi ? demande la rieuse.

— Ta bestiole, là ?

— Ben oui, pas ta sœur.

— On la découpe en rondelles, martèle une autre.

Par la vitre de la portière, je devine un reflet, la droïde a retiré sa chaussure et se masse effectivement l'orteil.

— Et on se la mange à la béchamel ! plaisante une autre à la voix rauque de fumeuse.

— Je peux pas, je suis vegan !

Nouvel éclat de rire. On les croirait en pleine soirée pyjama. Alors qu'elles bataillent depuis des jours. L'union fait la force, c'est évident. Mais je sens Mickey qui s'agite, ça le démange de se faire découper en rondelles. Je resserre mon étreinte et tiens bon jusqu'à ce qu'elles partent. Quand la voie est libre, je lui demande :

— C'est quoi, cette histoire ?

— C'est la bête.

— Tu veux dire la tempête.

C'est connu : chaque fois que les gens ont peur – une épidémie, la faim, la misère – une créature surgit, comme par hasard. La bête du Gévaudan, les sorcières, un dragon dans sa grotte. Chaque région est émaillée de ce genre de légende. Sans prévenir, Mickey fond en larmes, soudain :

— Je veux pas mouriiiir !

Il craque, il hoquète, son corps lâche complètement et frissonne, tressaute, une crise de nerfs, une vraie de vraie, et il n'arrête pas de répéter :

— Je veux pas mouriiiir !

Je suis obligé de le gifler pour le faire redescendre.

— Oh ! Mickey ! J'ai besoin de toi, ok ? Donc il faut que tu tiennes le coup. C'est pas le moment de flancher, d'accord ?

Il ne dit rien.

— D'accord ? J'ai besoin de toi.

Ça semble enfin le rassurer. Il se mouche, se relève et me dit :

— Pardon.

Je ne suis pas du tout certain de pouvoir compter sur lui. Mais je refuse de l'abandonner au prétexte qu'il m'encombre pour survivre.

— Cool, je m'empresse de dire. On va la capturer.

— Quoi ? fait-il horrifié.

— Cette bête, si elle existe. On va la capturer.

— Tu plaisantes.

Absolument pas. Peut-être qu'elle pourra nous apprendre quelque chose sur ce qui se passe réellement.

Mickey ne répond rien. Je le devine sous le choc.

— Et si elle n'existe pas, ça voudra dire que tout cela n'est que le fruit de nos peurs. Et que toute cette apocalypse n'existe pas non plus.

C'est simpliste. Mais cartésien. Il faut que je me raccroche à quelque chose.

Chapitre 39
Perkins

J'ai pris la tête des opérations. Dans un hangar, j'ai trouvé un stock de matériel et j'ai détaillé à Mickey ce que j'attendais de lui. Il m'a obéi, bien sûr. Il est tellement perdu que je pourrais lui dire de sauter d'un pont, il le ferait. Tandis que je réfléchissais à mon plan, nous avons entendu :

— OUUUUUUUUUH !

Un cri tout bête. Enfantin. Celui qu'on fait enfant quand on imite le loup. Comme pour de faux. Et pourtant, il m'a glacé le sang. À plusieurs reprises, le cri s'est répété et chaque fois, Mickey s'est remis à trembler. D'autres cris l'ont bientôt rejoint – ceux de combattants victimes de la bête, peut-être. Pas sûr que les filles aient réussi à se la déguster à la béchamel finalement. Cordes, palettes, barbelés... Une fois le matériel rassemblé, on s'est rapprochés du lac pour tout planifier. Du sang, voilà ce qu'il faut. De mon passé de scout, me revient le secret des trappeurs : les trois C.

Comprendre. Charmer. Capturer.

Comprendre comment la bête fonctionne, rien ne devrait être plus simple, et pourtant. Les filles croisées étaient loin de la vérité. Elle rôde, tangible. Elle furète, hurle partout autour de nous mais nous évite. Près du lac, des branches sont cassées, des feuilles écrasées. On s'est battu, ici. Férocement. Un sac est en lambeaux, je reconnais le masque de la fille croisée hier – déchiqueté. Je l'observe : des dents ont tout lacéré. Je regarde autour de moi à la recherche d'autres indices qui m'éclaireraient sur la « psychologie » de la bête, mais Mickey fait de nouveau des siennes, je l'entends crier :

— Ahhhhhh !

Près d'un arbre, il est aux prises avec une sorte de biscuit au gingembre géant. Coups de poing décochés, dents cassées, Mickey saigne. Je leur saute dessus pour les séparer, me prends un coup à la mâchoire au passage mais je parviens à les éloigner.

— Mais arrête, enfin !

À terre, le biscuit au gingembre est hors d'état de nuire, inerte. Je m'approche, il respire mais son *shield* est quasi éteint. Sa survie n'est plus qu'une question d'heures. Je n'ai plus de vivres, plus de soins pour lui venir en aide.

— C'est la bête qui m'a attaquée, pleurniche Mickey. Il a voulu m'achever.

Je regarde le gingembre. Son air est mauvais, il serre fermement un couteau dans sa main. Je veux bien croire que Mickey ait raison.

— Bon. C'est exactement ce qu'il nous fallait.

— Comment ça ? s'étonne Mickey.

Un appât maculé de sang, l'idéal. Je ne lui retire pas son masque, je refuse de voir son visage, au risque sinon de ne plus avoir le courage de m'en servir comme appât. Mickey me laisse faire. Je crois qu'il n'a plus aucune énergie de toute façon. Il n'est pas armé pour résister aux situations de stress extrême. Une fois que j'ai fini de ligoter notre prisonnier, je calme Mickey comme je peux.

— Tu vois bien que ce n'est pas lui la bête.

— Mais tu comptes faire quoi ?

— On ne peut pas rester là, à attendre d'être les prochains, je dis.

Scout toujours, j'ai huit ans. Doux souvenir d'une époque révolue. Je demande à Mickey de ramasser des branchages, le piège que j'ai imaginé est simple. Un trou, un peu de végétation pour cacher. Et un appât arrimé plus haut, à une branche. J'ai goudronné la corde, pour qu'elle se fonde dans l'obscurité de la nuit. Et j'ai commandé à Mickey de salir les ficelles trouvées dans le hangar pour que leur couleur ne jure pas sur le costume du pain d'épice. Patiemment, je tisse mes mailles pour créer le filet qui enserrera la bête. Mine de rien, tout cela prend du temps. Et il fait presque nuit quand enfin nous finissons d'installer le piège. Le cri retentit à nouveau.

— OUUUUUUUUH !

Dans la chaleur de l'obscurité, au cœur des ténèbres, le cri n'a plus rien d'enfantin. J'allonge une couverture pour étouffer le feu que Mickey a allumé, il panique :

— Mais qu'est-ce que tu fais ?

— Le feu éloigne les bêtes, je veux l'attirer, au contraire.

C'est risqué, mais c'est le seul moyen d'éclaircir ce mystère.

— Et maintenant ? se résigne Mickey.

— L'appât !

Sous son masque, le combattant de pain d'épice arbore un regard de fou qui fait penser à l'homme nu enseveli, à la sorcière du nid d'aigle... Toutes celles et ceux que j'ai croisés, qui ne se remettront jamais de l'expérience. Le prochain, c'est lui, autant abréger ses souffrances. Je lui enfonce une étoffe dans la bouche pour l'empêcher de crier et nous le hissons jusqu'au piège. Il se débat d'abord, Mickey lui décoche un direct du droit pour le calmer, gratuitement.

— Stop, c'est bon ! je l'arrête.

Un peu de sang perle à nouveau. Son geste n'est pas inutile. L'odeur du sang chaud, quelques gémissements, des soubresauts pour attirer l'attention juste ce qu'il faut. Je ne pouvais espérer mieux.

— Et maintenant ? demande à nouveau Mickey.

— On attend.

Chapitre 40
Selva

Selva s'efforce d'être plus prudente. L'espace se resserre de plus en plus, des barricades ont été dressées, des palissades construites à la va vite, des murs, et Selva doit faire preuve d'habileté pour déjouer l'étau. Elle les sent, qui traquent, qui cherchent. Par deux fois, elle manque de se faire attraper mais réussit à s'en sortir en cassant des bras, une nuque. Au revoir monsieur le martien… Selva maudit « C. » qui a voulu ces costumes d'un cynisme absolu.

Et puis, une nuit, elle le voit. L'homme à tête de pain d'épice, le lanceur de roquettes brûleur de bras ! Suspendu à une branche, l'inversion de son sourire est pathétique. Il attend, bêtement, accroché à un arbre. Croit-il vraiment lui échapper ? Ne sait-il pas que la forêt est son élément ? L'occasion est trop belle. Selva s'approche, le goût de la vengeance lui emplit la bouche mais, au dernier moment, elle flaire quelque chose de pas naturel. La disposition des feuilles, sa posture sur l'arbre. Quelque chose cloche. Selva lance sa hache, aussitôt, le piège – car c'est un piège qu'on lui a tendu – se referme et elle court pour s'échapper.

— La Bête ! La Bête !

Les voix se rapprochent. L'appât lui-même hurle, la hache plantée dans son flanc :

— Au secours ! Au secouuurs !

— La Bête ! Elle est là.

Elle saute dans le lac, son refuge. En apnée, elle s'enfuit. Mais soudain, sans comprendre ce qui se passe, elle bute contre un obstacle. Elle veut se retourner, elle n'y parvient plus, des barreaux l'encerclent, impossible de s'échapper. Selva devait se calmer, tenir son souffle mais elle se débat en furie. Non ! Pas maintenant ! Elle n'a pas fini de tuer. Mais elle a beau secouer les barreaux, ça résiste. Selva se débat, elle sort la tête de l'eau et le piège la renfonce, elle boit la tasse, elle frappe dans le vide, elle voudrait tout détruire mais la cage est trop étroite.

L'eau l'engloutit, Selva n'est plus que liquide.

Alors, sans prévenir, Selva lâche prise.

Elle laisse ses poumons s'emplir et la bête en elle mourir.

Chapitre 41
Perkins

La nuit est plus noire que jamais, nous plissons les yeux pour distinguer les ombres mais rien, que le vent, quelques feuilles et parfois aussi, des débris de décors, de voitures qui volent.

— Tu sais, Perkins... me dit Mickey.

Pas trop le moment de parler mais j'ai peur qu'à chaque seconde Mickey me claque dans les doigts. Je dois être en veille permanente, avec lui.

— Oui ? je chuchote...

— On n'est pas toujours qui on pense être.

— Tu penses être qui, exactement ? je m'efforce de répondre.

— Non, pas moi. Enfin, si moi, aussi.

Son discours devient incohérent, j'ai peur que Mickey soit le prochain sur la liste des égarés... Mais je n'ai pas le temps de développer, voilà que ça s'agite. Une ombre passe à quelques mètres et déjà l'appât hurle à la mort !

— Vite ! je me précipite, Mickey à mes basques.

Sous l'arbre, le piège est un bazar sans nom, la corde se balance au gré du vent, une branche est brisée et l'appât est à terre – il hurle en se tenant la jambe. Cassée, sans doute.

— Tu l'as vue ? je lui demande.

— Ahhhhhh !

— La Bête ? Tu l'as vue ?

L'appât se contente de pousser un hurlement mêlé d'insultes. Je lui place ma main sur la bouche, pour le faire taire et essayer d'entendre la Bête, mais il me mord. La douleur me transperce, je me retiens de hurler à mon tour et Mickey l'assomme d'un coup de pioche – côté pointe. Le gars se tait, sa tête chavire. Dans le silence retrouvé, des bruits d'éclaboussures nous parviennent.

Mickey se précipite, moi aussi.

— La Bête ! La Bête !

— La Bête ! Elle est là.

Dans le lac, une masse bouge dans tous les sens. La Bête se noie, elle gesticule désespérément et une main jaillit parfois de la surface de l'eau, frénétique. Deux options. Soit la laisser se noyer. Soit la sauver pour pouvoir l'affronter.

Je saute.

Chapitre 42
Le squad

La bête, c'est elle. C'est Selva. Dès que j'ai saisi son bras pour la sortir de la nasse à poissons qui la retenait prisonnière, j'ai compris. Sauvage, forte et imprenable, elle se débattait, forte comme dix. J'ai fait signe à Mickey de me lancer une corde, je lui ai attaché les mains comme j'ai pu pour éviter qu'elle m'agresse – je ne savais pas si elle me reconnaîtrait. Et puis, qui sait, peut-être avait-elle perdu toute raison elle aussi. En la tirant par la taille, je n'ai pas cessé de répéter son prénom.

— Selva, Selva, c'est moi.

Elle se débattait de moins en moins fort, de moins en moins violemment. Quand enfin j'ai réussi à la hisser sur le rivage, je l'ai allongée, les mains liées, je me suis penché sur elle et j'ai vu dans son regard qu'elle reconnaissait mon visage. Elle m'a craché dessus toute l'eau qui était en elle. Puis a tenté de rire avant de s'étrangler à nouveau – il était trop tôt.

— J'avais perdu tout espoir, j'ai dit, très ému.

Elle est méconnaissable. Pas plus belle, ni plus laide. Plus forte. Son regard inquiet du début s'est mué en force déterminée. Elle ne veut pas me dire ce qu'elle a traversé, ni comment elle a réussi à s'en sortir depuis son saut impromptu. Je respecte. Mais je sais qu'il y a de la douleur. Et de la ténacité. Je ne l'ai vue qu'une fois dans ma vie mais c'est comme si soudain elle était la seule personne qui valait la peine de vouloir survivre. Mickey m'inquiète plus qu'il me rassure. On le sent agité, tourmenté. Je n'arrête pas de penser à ses paroles énigmatiques :

— On n'est pas toujours qui on pense être...

Nous cache-t-il des choses ? Pendant que nous retraçons le fil, moi et Selva, il prétexte le besoin de s'absenter.

— Tu t'éloignes pas trop, hein. On ne va pas tarder à repartir.

— D'accord, il a dit.

— Et puis laisse ta musique ici, si tu veux.

Il me regarde d'un œil bizarre, comme si je voulais lui voler son transistor. Avant de repartir sans rien dire. Selva a repris du poil de la bête, en mode survie :

— Donc on fait quoi ?

— Tu crois qu'il y a une sortie ?

— Pas toi ? s'étonne-t-elle.

— Je ne suis plus sûr de rien.

— Alors mourons tranquillement, fait-elle, ironique. Dans une heure, la tempête est sur nous.

— Tu as raison, je fais. Ça ne sert à rien de baisser les bras.

Le soleil réverbère son badge et m'envoie un rai de lumière.

— Ah oui, tu as quel numéro, dis-moi ?

Selva retrousse sa manche et me tend son poignet. Son badge est abîmé, comme usé par les heures passées dans l'eau et je ne sais où. Mais on peut encore distinguer le chiffre 03.

— C'est du hasard, ces badges, me dit-elle. On a déjà creusé, sans rien trouver.

Je réfléchis. « 03. 17. » Des chiffres qui n'ont rien d'anodin.

— Tu me fais voir ? je fais.

— Tu es sûr qu'on a le temps pour ça ?

J'insiste, besoin d'explorer toutes les pistes. Elle le détache de son poignet. Au dos, je devine les mêmes filigranes. Je renverse mon sac pour tout sortir. Puis je reconstitue le puzzle, auquel s'ajoutent les badges récoltés depuis que nous nous sommes retrouvés avec Mickey. Au toucher, je n'arrive à rien. Je voudrais presque être aveugle, pour savoir déchiffrer.

— Y a un truc à comprendre ? s'impatiente Selva.

— Peut-être.

Elle touche du doigt les badges et suit à son tour les lignes qui parcourent les différents carrés. Elle ferme les yeux, je guette sa réaction.

— Bouge pas, me fait-elle en rouvrant les yeux.

Elle arrache des feuilles d'érable qui ondulent doucement à quelques mètres et les plaque contre mon badge. Elle s'empare alors d'une pierre plate et frotte rapidement la surface. Quelle évidence ! Comment n'y ai-je pas pensé ? Une nervure s'esquisse sur la feuille, un début de dessin apparaît, usure plus ou moins prononcée, avec des zones d'ombre en surimpression. Comme une rune.

Je retourne un autre badge, le 16., je plaque dessus une feuille d'érable et je répète l'opération avant de le placer à côté du mien, le 17. Les deux lignes se répondent, s'agencent comme si elles voulaient former un dessin. Nous nous regardons avec Selva, tout sourire. Un par un, nous retournons prestement tous nos badges et nous répétons les mêmes gestes. En assemblant les feuilles les unes à côté des autres, le portrait se fait plus net, comme l'impression de le connaître...

— Ce visage... je murmure.

— On dirait un savant, plaisante Selva.

— Comment ça ?

— Il a l'œil intelligent, non ?

Ça fait tilt. Je sais pourquoi je reconnais ce portrait.

— Fermat ! Mais, évidemment, c'est Fermat ! je m'exclame.

— Ferme-la ? plaisante-t-elle.

Une blague digne de Yuan.

— Non. Fermat. L'homme au théorème insoluble.

— Un pote à toi ?

— Le 17. Le 03. Ce sont des nombres premiers de Fermat.

— Et il est sur l'île ?

Fermat est mort au XVIIe siècle, m'étonnerait qu'on le croise en combattant. Mais ces badges assemblés n'ont rien d'anodin.

— C'est bizarre, je fais.

— Tout est bizarre...

— Je me suis toujours promis une chose, j'explique. Si je devais m'égarer dans ma vie, Fermat serait l'homme à me montrer la voie.

— Comment ça ?

— Il oblige à se questionner, toujours. Comme s'il n'y avait jamais de solution établie, jamais de limite à la volonté d'interroger... Des siècles que tout le monde réfléchit à ce qu'il a voulu dire.

— Ne jamais avoir de certitude ? confirme Selva.

Exactement. Ma décision est prise, je remballe les badges dans les sacs et je guette pour voir si Mickey revient. Selva se prépare elle aussi. Elle se relève, se rattache les cheveux.

— Tu suggères quoi ?

— Il faut qu'on affronte nos peurs. Comme pour la Bête.

— C'est-à-dire ?

— Il faut qu'on se frotte à la tempête.

Selva opine. Elle se fie souvent à son instinct, ce n'est pas elle qui va me démentir.

— Tu vois la tour là-bas, je dis.

Au cœur de la ville, la plus haute tour est coiffée d'une horloge. Ses aiguilles sont arrêtées, comme en suspension. Signe du destin, elles marquent l'heure exacte de ma naissance : 09 h 12.

— On va monter, je fais.

Tout cela n'a plus rien de rationnel, mais une force irrésistible me confirme que c'est notre seule option.

— Et pour Mickey, on fait quoi ? s'inquiète Selva.

Pas le temps d'échanger, le voici qui revient déjà, les bras chargés d'armes. Où a-t-il puisé de telles réserves ? Le temps presse, la tempête s'approche et il ne nous reste plus beaucoup de temps pour rejoindre le haut de la tour. Il semble prêt à en découdre avec la tempête, son éternel transistor en bandoulière, et le regard fiévreux. Ses cheveux sont humides, une odeur âcre de transpiration et de stress émane de lui.

— Dis-moi, Mickey, je le questionne. C'est quoi ton numéro ?

Il se met immédiatement sur la défensive.

— Comment ça ?

— Ton badge ! J'ai peut-être un semblant de piste. Notre *squad*, là, on est les nombres premiers de Fermat. 03. 17. Ce qui voudrait dire que nous ne sommes pas réunis par hasard.

S'il porte le numéro 05., alors lui aussi est un nombre premier. Et la boucle est bouclée. Il doit monter avec nous. Mickey hésite, il fait mine de se tâter le poignet puis répond, faussement contrit :

— Non, mais en fait, je l'ai perdu, en fait.

Jamais de ma vie, je n'ai vu quelqu'un mentir aussi mal. Je m'abstiens de le lui faire remarquer : vu son état, ce serait dangereux.

— Ah, mince, je me contente de dire.

— Tu ne te rappelles même pas quel numéro tu avais ? insiste Selva.

— NON !

Mickey paraît fébrile, j'évite de le brusquer.

— C'est important, j'ajoute. C'est sans doute comme ça que les drones nous identifient.

— Y a plus de drones, s'effondre Mickey. Y a plus rien.

Il replonge en crise de nerfs, ça devient systématique. Je laisse Selva le calmer pendant que je rassemble nos badges. Elle capte mon regard. Elle a compris. Mickey est ingérable et se méfie, c'est pour cela qu'il ne veut pas nous révéler son numéro. Il va falloir ruser.

— On va pousser en ville.

— C'est pas toi qui décide, fait-il.

— Je propose.

— Il nous faut des armes, des vivres, des soins ! C'est ça qu'il nous faut. On est coincés ici. On sortira jamais, il faut récupérer tout ce qu'on peut pour tenir le plus longtemps possible.

Son ton est excédé. Déjà il s'éloigne vers les bâtiments.

— Attends, je dis. Tu sais, je ne suis pas certain qu'il y ait encore grand monde à éliminer.

— Comment tu peux en être sûr ? fait-il, agressif.

— Tu as vu du monde ?

— Non.

— Croisé personne ?

Il fait non de la tête. Je lui désigne ce qui nous entoure. C'est la tempête qui nous assiège, elle est là. Partout autour de nous, le même liseré violet borde le paysage. Si des combattants se terrent, elle les aurait délogés, j'en suis certain.

— Mickey, tout ce que nous voyons n'existe pas, je dis. C'est une illusion. Si nous défions la tempête, nous survivrons.

Mickey hoche la tête, il refuse d'entendre. Selva veut lui faire lâcher ses armes, il se débat et plusieurs badges dorés tombent de ses poches mal fermées.

— La vache ! je fais.

— C'est mes affaires ! hurle Mickey.

— Six badges ? Qu'est-ce que ça veut dire ? l'accule Selva. Je croyais que tu n'avais plus ton badge.

— On m'a forcé, répond-t-il en panique. C'est pas moi, c'est eux. Mais ils ne répondent plus. Ils n'existent plus. Ils m'ont chassé.

Les propos de Mickey sont incohérents.

— Mais qui ça, *ils* ?

— Les bunkers, les drones, tout ça devait n'être qu'un jeu. Mais y a plus rien !

Mickey est de plus en plus agité. Je ne comprends pas très bien où il veut en venir. Selva cherche à le pousser dans ses retranchements et lui faire lâcher des infos. Ça le perturbe encore plus. Il a un regard de fou :

— C'est moi qui ai tout fait, tout accumulé. Vous allez tout me voler. Tout me prendre.

Hors de lui, il dégaine sa pioche et s'apprête à sauter sur Selva. Pas d'autre choix que de le mettre en joue avec un pistolet.

— Stop !

Mickey s'arrête, saisi. Il me regarde, puis Selva, puis loin, ailleurs, la tempête. Il n'est plus qu'un enfant apeuré, perdu au milieu de la foule, qui ne sait plus où sont ses parents.

— On est là, Mickey. On est avec toi, je lui dis, de ma voix la plus rassurante qui soit.

Mickey lâche sa pioche. Son regard se brouille, des larmes perlent. Il craque. Il ne sait plus. Je le garde en joue, au cas où. Mais Mickey sort de sa poche une fiole.

— Vous en voulez ?

Selva fait non de la tête et m'intime du regard d'en faire autant. Je ne sais plus ce qu'il pense, ce qu'il fait. Il dévisse le flacon et avale une gorgée. En un éclair, tout change. La tempête s'allume, l'orage gronde et Mickey est pris de convulsions. Son corps tout entier n'est plus que soubresauts, il cogne à terre, ses membres se désarticulent et de l'écume sort de sa bouche. Selva se précipite pour éviter qu'il s'étouffe.

— Mickey !

Je m'approche à mon tour. Mickey a les yeux révulsés, il cogne des poings contre le bitume, ses os craquent à chaque coup. La haine dans les yeux, il me dit :

— C'est ta faute.

Puis expire, sans prévenir. Selva le secoue, tente de le faire revenir à lui mais c'est trop tard. Il est parti. Elle me regarde, je ne sais plus quoi penser. Pas de drone. Pas d'ailleurs. Rien que le corps de Mickey, inerte, la bave aux lèvres et la fiole à la main.

— Ce n'est pas un jeu, confirme Selva.

Elle défait sa manche. Pas de badge. Mickey n'a vraiment pas de badge !

— Mais t'étais qui, bordel, hein ? je crie en le secouant de toutes mes forces. Et pourquoi t'étais dans notre bus ?

Selva m'attrape par le bras.

— Je crois que tu le sais.

Elle a raison. C'est moi qui sais. La tempête gronde. L'heure est venue de l'affronter.

Chapitre 43
Il n'en restera qu'un

Journal de bord

(Message non envoyé)

Ils veulent tout me voler, tout.

Ils mentent c'est vous la Base. Ils font partie de l'organisation.

Complices. Complot. Contrôleur F. peut gagner la partie.

Pas mes armes. Rien laisser pour vous.

Vous n'aurez rien.

Vous voulez ma mort.

Me tester.

J'irai jusqu'au bout.

J'irai jusqu'au bout.

Il a fallu laisser Mickey sur place. Selva voulait l'enterrer mais le temps presse. Impossible de l'emporter avec nous. Trop lourd, trop dangereux. Notre unique priorité désormais : la tempête. Celle-ci se déchaîne comme jamais. Si vraiment des scientifiques ont imaginé ce biodôme capable de produire un tel déchaînement magnétique, ils sont très compétents. La démesure de ce qui nous entoure dépasse l'entendement. Chaque pas nous coûte, et nous manquons trébucher chaque fois que nous grappillons un demi mètre.

Selva est galvanisée. Comme si jouer sa survie lui donnait toute la force nécessaire. Nous explosons tout ce qui se présente à coups de pioche. Un bouton, un passage secret, tout est bon pour tenter une porte de sortie. Je cherche un indice, quelque chose qui conforterait ce que je pressens.

— Qu'est-ce qu'on cherche, exactement ? me lance Selva tandis qu'elle dégomme un comptoir de bar au marbre bien poli.

— Un déjà-vu ! Quelque chose qui ferait tilt dans mon esprit.

Si vraiment je suis celui qui sait, alors peut-être ai-je prévu quelque chose qui nous permette de nous échapper.

— Aaah ! fait soudain Selva.

Je m'arrête : elle s'est bloquée face à un frigo encombré d'une silhouette. Selva me regarde, indécise. Par la porte ouverte, un jeune homme en chapka occupe l'espace, gelé. Sa peau est rigide, ses cils constellés de glaçons.

— C'est fini pour lui, j'annonce tristement.

Je regarde son badge : 99. Selva reprend sa destruction systématique de ce qui nous entoure mais un pan de mur s'effondre, littéralement.

— La tempête ! je fais. Elle est là.

Elle fait bouger les murs, imploser les vitres. Je la sens même qui s'insinue en nous, ma peau se hérisse, mes tempes brûlent.

— On fait quoi ? m'interpelle Selva.

— On monte !

Le vent emporte ma voix. Nous grimpons les escaliers de service, certaines marches sont arrachées, il faut parfois s'allonger et ramper, mais tant bien mal nous progressons. Enfin, nous débouchons sur le haut de l'immeuble – sorte de clocher ajouré aux quatre murs cintrés. Les vents ont chassé les derniers survivants de leur tanière. En contrebas, une fille à chapeau pointu défie la tempête du poing. Elle hurle au vent les recettes du grimoire qu'elle tient en main, comme si sa sorcellerie pouvait déjouer la tempête. Il est trop tard pour la sauver. Nous devons monter, je lance un grappin qui s'accroche à autre chose – une antenne, peut-être – puis me hisse à la force des bras jusqu'au sommet. De là-haut, on domine tout autour. Selva me rejoint en se faufilant le long de la corde, je l'aide de la main. Ce paysage, tout autour. Je le connais. C'est le poster sur le mur de ma chambre d'enfant. C'est l'île dessinée à la craie pour mes aventures. C'est le parc d'attractions de mes rêves.

— J'ai compris, je finis par dire.

— Quoi ? me répond Selva.

Des haut-parleurs sont solidement arrimés au toit. Le vent redouble, nous nous accrochons pour ne pas glisser.

— Il n'y a rien à chercher. Il n'y a rien à fuir.

Selva veut comprendre.

— Notre survie est en nous. C'est nous qui décidons que nous avons peur de la mort, de la tempête. Ou pas. Tout ceci n'existe pas.

Autour de nous, pourtant, la tempête fait rage. Le violet nous aspire, nous engloutit, empêche de rien distinguer. Tout horizon a disparu. Nous sommes une nébuleuse violette, nous faisons un avec l'ouragan et je sens mon corps tout entier qui résiste malgré lui.

J'attrape le bras de Selva, je le serre entre mes doigts. L'aiguille de ma boussole s'affole dans ma poche. Les vents magnétiques se déchaînent.

— Tu es sûr de toi ? me hurle Selva.

— Non, je souris.

On n'est jamais sûrs de rien. Tant mieux.

La tempête est à un mètre, elle se resserre et se referme sur nous, je sens les gouttes qui fouettent mon visage. Selva me prend la main. Elle crie, mais son cri est une mélodie apaisée, sereine. Elle accueille la tempête, elle fait corps avec elle. Et soudain dans un élan que je ne contrôle pas, que je ne contrôle plus, je fais corps avec elle moi aussi, avec la tempête, les vents, les éléments. Je déconnecte mon cerveau. Ma raison.

Et nous sommes unis, dans l'instant.

FIN

Composition : Facompo Rouen

MIXTE
Papier issu de sources responsables
FSC® C003309
FSC
www.fsc.org

Achevé d'imprimer en février 2019
par Normandie Roto Impression s.a.s.
61250 Lonrai
N° d'impression : 1900443

Imprimé en France